Sandra Honigs | Marc Meßing
Beate Pelzer

111 Amphibien, die täglich unsere Welt verbessern

111

emons:

Herrn Professor Dr. Hartmut Greven, Düsseldorf, gewidmet, der uns und wahrscheinlich viele andere ebenfalls mit seiner Leidenschaft für die kleinen und großen Fragen der Biologie der Amphibien begeistert hat. Er hat uns mit dem Amphibienvirus infiziert.

Bibliografische Information der Deutschen Nationalbibliothek
Die Deutsche Nationalbibliothek verzeichnet diese Publikation in der Deutschen Nationalbibliografie; detaillierte bibliografische Daten sind im Internet über http://dnb.d-nb.de abrufbar.

MIX
Papier | Fördert gute Waldnutzung
FSC® C083411
FSC www.fsc.org

Gestaltung: Eva Kraskes, nach einem Konzept von Lübbeke | Naumann | Thoben
Kartografie: altancicek.design, www.altancicek.de
Kartenbasisinformationen aus Openstreetmap,
© OpenStreetMap-Mitwirkende, ODbL
Druck und Bindung: CPI – Clausen & Bosse, Leck
Printed in Germany 2022
ISBN 978-3-7408-1274-4

Vorwort

Für die meisten Menschen sind Amphibien weder eine besonders interessante, geschweige denn liebenswerte Tiergruppe. Sie werden eher als eklig oder hässlich angesehen. Das vorliegende Buch, das von drei wahren Froschliebhabern verfasst wurde, soll dazu beitragen, diesen Ruf erheblich zu verbessern!

Diesen entzückenden, meist hübschen, manchmal auch skurrilen Tieren wird unrecht getan. Weder sind sie eklig, nur weil sie oft eine feuchte Haut haben, noch sind sie hässlich, nur weil sie anders aussehen als populärere Tiergruppen. Das ein oder andere Mal werden Sie unsere Begeisterung für diese wunderbaren und ökologisch so wichtigen Tiere problemlos herauslesen können, und wir geben an dieser Stelle offen zu, dass wir befangen sind!

Anhand einer Auswahl von 111 Botschaftern – und es kann eben nur ein Querschnitt von über 8.445 bekannten Amphibienarten sein – zeigen wir, wie hübsch so manche Art ist, was für spannende Anpassungen Amphibien an ihre Lebensräume entwickelt haben, aber auch, warum viele Arten so bedroht sind. Dazu werden auch Begrifflichkeiten und Phänomene erklärt. Wir erheben nicht den Anspruch an ein wissenschaftliches Werk, aber alle Fakten entspringen der aktuellen wissenschaftlichen Literatur oder eigener jahrelanger Erfahrung aus der Haltung diverser Arten. Uns liegt der Erhalt der Amphibien in der Natur sehr am Herzen, und wir unterstützen mit dem Erlös dieses Buches daher weltweite Artenschutzprojekte für Amphibien, indem wir unser Honorar dem Amphibienfonds der Stiftung Artenschutz spenden. Danke, dass Sie uns mit Ihrem Interesse an diesem Buch dabei nun ebenfalls helfen!

Sollten Sie Vorbehalte gegenüber dieser Tiergruppe haben, so hoffen wir, sie mit diesem Buch abbauen zu können und Sie im besten Fall zu ihrem Fan zu machen. Sind Sie bereits Fan, dann willkommen im Club! Und nun wünschen wir Ihnen viel Spaß beim Lesen!

111 Amphibien

1 Afrikanischer Goliathfrosch

Ein Gigant unter den Fröschen

In Kamerun können Sie hin und wieder einen Riesen finden. Dort lebt in einem kleinen Gebiet an und in schnell fließenden Wasserläufen der größte Frosch der Welt, der Goliathfrosch. Streckt man seinen Körper und misst ihn von Kopf bis Fuß, so kann er bis zu 85 Zentimeter lang sein. Die bei Fröschen üblicherweise gemessene Kopf-Rumpf-Länge liegt hier bei bis zu 33 Zentimetern. Die schwersten gemessenen Exemplare wogen zwischen 3.000 und 4.000 Gramm.

Aufgrund seiner Größe nennen die Bewohner Kameruns den Frosch »Bebe«, also Baby. Obwohl der Goliathfrosch auch in Kamerun als geschützte Art gilt, bildet so ein Schwergewicht eine attraktive nahrhafte Fleischquelle. Also wird der Riese gejagt und als sogenanntes Buschfleisch verspeist. Das setzt der Froschpopulation gewaltig zu. Aber der Goliathfrosch macht es seinen Jägern nicht leicht. Er ist nachtaktiv, und so muss man nachts jagen, tief im Urwald.

Der Goliathfrosch ist zwar kein ausdauernder Springer, aber wenn er springt, macht er Sätze von fünf Metern, womit er sich schnell vielen Jägern, ob zwei- oder vierbeinig, entziehen kann. Bei Gefahr verschwindet er in Flusslöchern. Da er ein guter Schwimmer ist, was seine großen Schwimmhäute zwischen den Zehen verraten, taucht er elegant ab. Wenn er nicht auf dem Teller landet, kann der Goliathfrosch bis zu 15 Jahre alt werden.

Zusätzlich zum Jagddruck wird der Lebensraum des Riesen immer weiter eingeschränkt. Um die steigende Einwohnerzahl Kameruns mit Lebensmitteln versorgen zu können, wird zunehmend Wald zu Ackerfläche umgewandelt. Die Habitate schrumpfen, und Straßen trennen Populationen. Mehr Landwirtschaft bedeutet meist auch mehr Einsatz von Pestiziden, die es den Tieren der Region noch schwerer machen. Die Zukunft des Froschriesen sieht nicht rosig aus.

Art, Familie *Conraua goliath*, Conrauidae | **Vorkommen** vom Südwesten Kameruns bis zum Benito-Fluss in Äquatorialguinea | **Habitat** tropischer Regenwald, schnell fließende Gewässer | **Größe** bis 330 Millimeter | **Nahrung** Alles, was sie überwältigen können! | **Bedrohungsstatus** nach Roter Liste stark gefährdet, Population abnehmend | **Merke** Schon in der Bibel ging es Goliath an den Kragen.

2 Afrikanischer Grabfrosch

Grüner Boxer mit Familiensinn

Ein heimlicher Geselle, der Afrikanische Grab- oder Ochsenfrosch. Dabei sind die Männchen mit fast anderthalb Kilogramm Körpergewicht die größten Amphibien Südafrikas. Zum Schutz vor Austrocknung verbringen die Tiere aber die trockenen Monate eingegraben in der Erde. Daher eben auch Grabfrosch. Je nach Substrat sind die selbst gegrabenen Erdlöcher bis zu einem Meter tief.

Vor Austrocknung schützt zudem ein pergamentartiger Kokon aus mehreren Schichten verhornter Haut, und der Stoffwechsel wird auf ein absolutes Minimum reduziert. Sicher ist sicher! So wird abgewartet, und erst wenn sich durch starke Regenfälle Pfützen gebildet haben, verlassen die Tiere den schützenden Untergrund. Sind die massigen Frösche erst mal aus dem Boden geklettert, versammeln sie sich an den Gewässern. Dabei geht es hier unter den Männchen zu wie in einer Kampfarena. Bei dieser Art sind ausnahmsweise die Männchen größer als die Weibchen – aus gutem Grund: Die älteren und kräftigeren Männchen vertreiben die kleineren Tiere von den attraktiven Plätzen im Zentrum des Gewässers. Hier erwarten sie bellend rufend die Weibchen. Jungmänner müssen sich mit Uferplätzen begnügen. Sobald ein herannahendes Weibchen entdeckt wird, wird dieses umklammert, und es kommt zur Paarung. Im Anschluss bewachen die Männchen vehement das Gelege. Die kräftigen Tiere springen bei Bedrohung sogar den Angreifer laut rufend an – daher der Name Ochsenfrosch, da ihr Ruf an die Laute von Rindern erinnert.

Bei der Paarung legt ein Weibchen bis zu 4.000 Eier ab, die Larven schlüpfen bereits nach 36 Stunden. Im flachen Wasser besteht für die Kaulquappen stets Austrocknungsgefahr. Neben der Verteidigung gegen Fressfeinde gehört auch der Kanalbau zur Aufgabe der Froschväter. Sie graben in der Not bis zu 18 Meter lange Wasserstraßen und ermöglichen ihrem Nachwuchs so die Flucht in tieferes Wasser.

Art, Familie *Pyxicephalus adspersus,* Afrikanische Ochsenfrösche (Pyxicephalidae) | **Vorkommen** südliches und südöstliches Afrika, Kenia bis Südafrika, Angola, Namibia bis Mosambik | **Habitat** Savanne, Grasland | **Größe** bis 24,5 Zentimeter | **Nahrung** Alles, was ins Maul passt: Wirbellose, kleine Reptilien, Amphibien, auch kannibalisch, kleine Wirbeltiere. | **Bedrohungsstatus** nach Roter Liste nicht gefährdet, Population abnehmend | **Merke** Im südlichen Afrika gibt es noch eine weitere ähnliche Art, den Kleinen Ochsenfrosch *Pyxicephalus edulis*, der aber nur maximal zwölf Zentimeter groß wird.

3 Afrikanischer Krallenfrosch

Des Apothekers Liebling

Ein echter Globetrotter, dieser Frosch! In den Universitäten und Forschungszentren der Welt zu Hause, war er der Liebling der Apotheker und ein angesagtes Heimtier. Und er fand den Weg in die Freiheit diverser Tümpel, in die er von Haus aus gar nicht gehört: in Nord- und Südamerika, Europa und wer weiß, wo noch. Das ging jedoch nicht gut aus, aber dazu später mehr. Der Frosch mit der schleimig glatten Haut verlässt sein Gewässer nie freiwillig – allenfalls, um ein neues zu suchen.

Für das Leben im Wasser ist der flache, stromlinienförmige Frosch mit den kräftigen Hinterbeinen und Schwimmfüßen prima ausgestattet. Ein Seitenlinienorgan registriert wie bei Fischen Vibrationen im Wasser. Trotz Hautatmung bevorzugt er es, atmosphärische Luft an der Wasseroberfläche aufzunehmen. Er toleriert einen Salzgehalt von bis zu 40 Prozent und Temperaturspannen von 2 bis 35 Grad Celsius.

Wie kam es zu einer solchen Karriere? Wird einem weiblichen Krallenfrosch der Morgenurin einer potenziell Schwangeren unter die Haut injiziert, dann reagiert dieser mit Eiablage, sollte diese Frau schwanger sein. Eine Reaktion auf das humane Choriongonadotropin, ein Schwangerschaftshormon. Keine Schwangerschaft, keine Eiablage! Dieser einfache Schwangerschaftstest wurde in den 1930er Jahren basierend auf der Forschung von Lancelot Thomas Hogben entwickelt und nach ihm benannt. So hielt der Krallenfrosch weltweit millionenfach Einzug in Apotheken. Huckepack und unentdeckt reiste mit ihm, so die Theorie, eine für die meisten anderen Amphibien tödliche Pilzerkrankung, die Chytridiomykose, hervorgerufen durch den Chytridpilz. Der Krallenfrosch, selbst immun, verbreitete so ungewollt eine bis heute fatale Pandemie unter den Amphibien, die bereits zahlreiche Arten für immer ausgelöscht und ganze Gattungen an den Rand der Ausrottung gebracht hat. Bisher leider ohne Impfstoff!

Art, Familie *Xenopus laevis,* Zungenlose (Pipidae) | **Vorkommen** Südafrika, Kenia, Uganda, Kamerun, Demokratische Republik Kongo, Tansania, Nigeria, Sambia, Simbabwe, Malawi, Gabun, Lesotho, Angola, Swasiland, Botswana, in zahlreichen Ländern eingeführt | **Habitat** zahlreiche Gewässertypen | **Größe** Männchen 45 – 98 Millimeter, Weibchen 57 – 147 Millimeter | **Nahrung** Fische, Amphibien, Wirbellose, jeweils deren Larven, schaufelt sich mit den Vorderfüßen ins Maul, was hineinpasst | **Bedrohungsstatus** nach Roter Liste nicht gefährdet | **Merke** Das erste Wirbeltier, das 1961 durch Sir John Gurdon geklont wurde. Hierfür gab es 2012 gemeinsam mit Shinya Yamanaka den Nobelpreis.

4 Agakröte

Eine Kröte erobert die Welt

Die Agakröte ist nach der Kolumbianischen Riesenkröte (*Bufo blombergi*) die zweitgrößte Krötenart der Welt. Will man ihre Schönheit erkennen, muss man ihr tief in die beeindruckenden Augen schauen. Sie hat waagrechte Pupillen mit einer goldenen, blauen oder grünen Iris und einen für Kröten typischen gedrungenen und breiten Rumpf und auffällig große, hervorragende Ohrdrüsen. Die kurzen Gliedmaßen erlauben nur kleine Sprünge, trotzdem ist sie weit rumgekommen.

Ursprünglich in weiten Teilen Mittel- und Südamerikas beheimatet, ist die Agakröte ein Negativbeispiel für eine invasive Art geworden. Heute zählt sie zu den Top Ten der invasiven Arten der Welt. Der amerikanische Name Cane toad weist den Weg allen Unglücks. Cane ist das amerikanische Wort für Zuckerrohr. Fälschlicherweise wurde im 19. Jahrhundert angenommen, dass diese Kröte Schädlinge in den großen Zuckerrohrplantagen bekämpfen würde.

Nach Australien und Neuseeland kam sie zur Bekämpfung des Reiszünslers oder auch der Reismotte (*Corkyra cephalonica*). Das Problem an der Geschichte ist, dass die Kröte sich nicht darum schert, was wir Menschen wollen. Gefährlich wird es für das jeweilige Ökosystem, weil diese giftige Kröte an den neu eingeführten Standorten keinerlei Fressfeinde hat und sich daher sehr schnell ausbreitet. In Australien wurde sie von Süßwasserkrokodilen verspeist, was zu einer Sterblichkeit von 70 Prozent der Panzerechsen führte. Mit einer enormen Anpassungsfähigkeit schon bei den Kaulquappen kann die Agakröte in allen tropisch-subtropischen Lebensräumen überleben. Die Gelegegrößen umfassen zwischen 8.000 und 25.000 Eier! Die Kaulquappen schlüpfen bereits nach ein bis zwei Tagen und gehen nach 12 bis 60 Tagen (temperaturabhängig) in die Metamorphose. Bereits die relativ kleinen Kaulquappen sind giftig und sorgen für das Absterben von Kaulquappen anderer Arten im selben Laichgewässer.

Art, Familie *Rhinella marina*, Kröten (Bufonidae) | **Vorkommen** ursprünglich in Süd- und Mittelamerika: von Mexiko bis Bolivien und Brasilien; in zahlreichen Ländern eingeführt | **Habitat** Wälder, Savannen, Buschland, Grasland, Feucht- und Küstengebiete, oft Kulturfolger, bis auf 3.000 Höhenmeter | **Größe** 84–225 Millimeter | **Nahrung** Insekten, Krebse, Spinnen, Skorpione, kleine Wirbeltiere | **Bedrohungsstatus** nach Roter Liste nicht gefährdet, Population zunehmend | **Merke** Hohe Anpassungsfähigkeit kann einer Art zur Invasion großer Landstriche verhelfen. Vorher nachdenken!

5 Amau-Zwerg-Engmaulfrosch

Der absolute Winzling!

Die Familie der Engmaulfrösche zeichnet sich eigentlich nicht dadurch aus, dass alle ihre Mitglieder besonders klein wären. Unter den Vertretern auf Neuguinea gibt es aber wahre Winzlinge! Die ganze Gattung *Paedophryne* besteht aus sehr kleinen Arten, die allesamt kleiner als zwölf Millimeter bleiben. Und der König der Winzlinge ist der Amau-Zwerg-Engmaulfrosch, der als erwachsenes Tier weniger als acht Millimeter groß wird. 2012 erstmals beschrieben, gilt er seitdem als das kleinste Wirbeltier der Welt und löste damals den bisherigen Rekordhalter, einen indonesischen Fisch namens *Paedocypris progenetica*, ab. Sogar die Zahl seiner Wirbel ist im Vergleich zu anderen Froscharten um einen reduziert.

Eine so geringe Körpergröße ist für ein Landwirbeltier allerdings problematisch. Stets besteht die Gefahr des Austrocknens, da die Hautoberfläche im Verhältnis zur Körpergröße steigt, je kleiner das Tier ist. Der Winzling gibt im Verhältnis mehr Wasser über die Haut ab als größere Frösche. Wahrscheinlich trocknet er nur deshalb nicht aus, weil der Zwerg sich fast ausschließlich in der immer feuchten Laubstreu aufhält.

Entdeckt wurde die Art nur wegen ihrer sehr lauten, schrillen Rufe, die die Forscher aufhorchen ließen. Der Grund für den Zwergwuchs könnte die Anpassung an winziges Futter sein. Die Tiere ernähren sich unter anderem von klitzekleinen Milben, die von anderen Beutegreifern nicht genutzt werden. So kann der Zwergwuchs ein evolutiver Vorteil sein, wenn er dadurch die Möglichkeit eines exklusiven Nahrungserwerbs bietet. Dieser Frosch ist aber nicht nur sehr klein, sondern er hat auch eine eher ungewöhnliche Art und Weise, sich zu vermehren: Aus den Eiern schlüpfen keine Kaulquappen, wie man das sonst von Fröschen kennt, sondern fertige Frösche.

Art, Familie *Paedophryne amauensis*, Engmaulfrösche (Microhylidae) | **Vorkommen** östliches Neuguinea, etwa 200 Kilometer östlich von Port Moresby | **Habitat** Regenwälder | **Größe** unter 8 Millimeter | **Nahrung** hauptsächlich Milben | **Bedrohungsstatus** nach Roter Liste nicht gefährdet | **Merke** Mit einem Sprung schaffen sie das 30-Fache ihrer eigenen Körperlänge! Klein aber oho!

6 Antillen-Ochsenfrosch

Traurige Geschichte mit hoffnungsvollem Happy End

Der Antillen-Ochsenfrosch wird in seiner Heimat Montserrat auch Mountainchicken, also Berghühnchen, genannt. Die Bezeichnung rührt daher, dass die Frösche gefangen und verzehrt werden und ihr Geschmack an Hühnchen erinnern soll. Neben diesem Fakt ist die Geschichte dieser Froschart eher dramatisch. Durch die Bejagung war sie bereits in ihrem Bestand dezimiert, als im Jahr 1995 der Vulkan Soufrière Hills ausbrach. Dieser Ausbruch war so verheerend, dass drei Viertel der Bevölkerung die Insel verlassen mussten und weite Teile des Verbreitungsgebietes des Ochsenfrosches durch Lavaströme und Ascheniederschläge verwüstet wurden, wodurch natürlich auch viele Tiere den Tod fanden.

Wiederum einige Jahre später brach auf Montserrat der Chytridpilz *Batrachochytrium dendrobatidis* aus, der bei vielen Froscharten eine nahezu immer tödliche Erkrankung namens Chytridiomykose auslöst. Diese hat sich weltweit unter Amphibien verbreitet und dabei ganze Populationen ausgelöscht. Zum Vergleich: Stellen Sie sich eine Erkrankung vor, die sich unter allen Säugetieren ausbreitet und meist tödliche Folgen hat! Wie genau die Chytridiomykose zum Tod der betroffenen Individuen führt, ist bis heute noch nicht abschließend geklärt. Jedenfalls sorgte der Pilz dafür, dass die Population der Ochsenfrösche auf Montserrat praktisch gänzlich zusammenbrach und nur die auf Dominica erhalten blieb, was einem Rückgang von gut 80 Prozent entsprach.

Dies wurde aber immerhin so rechtzeitig erkannt, dass Herpetologen des Jersey Zoos einige Exemplare retten konnten, mit denen ein Erhaltungszuchtprojekt gestartet wurde, an welchem sich inzwischen einige Zoos in Europa erfolgreich beteiligen. Diese Zoopopulation sichert das Überleben der Art, falls sie in der Natur gänzlich aussterben sollte. Das gibt Hoffnung, weil der Mensch in der Lage ist, bedrohten Arten das Überleben zu sichern.

Art, Familie *Leptodactylus fallax*, Pfeiffrösche (Leptodactylidae) | **Vorkommen** Montserrat, Dominica | **Habitat** verschiedene Feuchtgebiete wie tropische Regen- und Sekundärwälder, auch menschengemachte Anpflanzungen | **Größe** bis 220 Millimeter | **Nahrung** Krebse, Insekten, Spinnentiere, Frösche, Schlangen, kleine Säugetiere | **Bedrohungsstatus** nach Roter Liste kritisch von Ausrottung bedroht, Population abnehmend | **Merke** Es ist nicht alles hoffnungslos!

7__Atlaskröte

Wer es warm mag …

Diese Kröte mag es warm! Als Bewohnerin arider Gebiete versucht sie dennoch, der Hitze des Tages aus dem Weg zu gehen. Und das ist für ein Amphib durchaus gesünder. So ist die Atlaskröte nachtaktiv und verbirgt sich tagsüber unter Steinen oder sucht Höhlen auf. In ihrer Heimat, am Fuß des Antiatlas- und Atlasgebirges bis in Höhen von 1.600 Metern, findet sie geeignete Verstecke.

Zunehmend ausbleibende Regenfälle sorgen jedoch dafür, dass ihr angestammtes Habitat immer trockener wird. Denn obwohl die Tiere eine warme Umgebung schätzen, benötigen sie Wasser zum Leben, vor allem für die Fortpflanzung. Diese wird zudem durch Regenfälle ausgelöst, nach denen sich die Tiere von März bis April paaren. Die kurzen Laichschnüre werden in flachen Tümpeln oder Kanälen abgelegt. Die Larvenentwicklung geht vergleichsweise schnell vonstatten, was sich dadurch erklären lässt, dass sich die Kröten im trockenen Lebensraum mit geringen Niederschlägen beeilen müssen. Sie nutzen die kurze, feuchte Phase, und die Larven schlüpfen bereits nach einem Tag aus den Eiern. In maximal 20 Tagen entwickeln sie sich zu Jungkröten und verlassen das Wasser.

Auch wenn die schönen grünen Flecken auf dem Krötenkörper wild verteilt erscheinen, ist die Lage einiger Flecken genau festgelegt. Bei allen Kröten befindet sich ein Fleck unter jedem Auge. Auch über dem Auge ist je ein Fleck, und manchmal bilden diese Flecken einen Querbalken. Der niederländische Wissenschaftler Marinus Steven Hoogmoed fand die schöne Kröte bei einer wissenschaftlichen Reise 1971 in einer Region südlich von Agadir, zehn Kilometer südlich von Tiznit in Marokko. Ein Jahr darauf beschrieb er die Atlaskröte als neue Art und benannte sie zu Ehren des ehemaligen Direktors des Rijksmuseum van Natuurlijke Historie in Leiden, des Vorgängers des heutigen Naturalis Biodiversity Center, Professor Dr. Leo Daniel Brongersma.

Art, Familie *Barbarophryne brongersmai,* Kröten (Bufonidae) | **Vorkommen** nördliches Afrika: Marokko, Nordwest-Algerien, westliche Sahara | **Habitat** semiaride Gebiete, Busch- und Grasland mit Trockengräsern | **Größe** Männchen bis 51 Millimeter, Weibchen bis 48 Millimeter | **Nahrung** kleine Wirbellose | **Bedrohungsstatus** nach Roter Liste nicht gefährdet | **Merke** Die Spitzen der Rückenwarzen sind bei den Weibchen undurchsichtig, abgerundet und hornig, bei den Männchen sind sie braun, konisch und spitz zulaufend.

8 Axolotl

Vom heiligen Wassermonster zu Forschers Liebling

Lebendes Paradoxon: eine mexikanische Ikone, internationaler Liebling der Wissenschaftler und weltweit millionenfach geliebtes Heimtier, aber trotzdem kritisch von der Ausrottung bedroht! Der Star unter den Amphibien steht kurz vor dem Aus, wer hätte das gedacht? Verlandung seines Sees, invasive Fische und Umweltverschmutzung mach(t)en ihm den Garaus.

Alexander von Humboldt war der Erste, der konservierte Axolotl von seinen Reisen nach Europa brachte. 60 Jahre später, 1864, gelangten erste lebende Exemplare nach Frankreich. Hier stellte sich Auguste Duméril, Professor im Pariser Museum für Naturkunde, die entscheidende Frage: Sind die Tiere etwa ausgewachsen? Denn eigentlich sehen die wundersamen Axolotl aus wie Monster-Amphibienlarven. In der Sprache der Azteken bedeutete das Wort Axolotl auch Wassermonster.

Leider verstarb der großartige Forscher, bevor er dieses spannende Rätsel lösen konnte. Duméril hatte jedoch europaweit Naturforscher mit seiner Neugier angesteckt. Zum einen überraschten die rein aquatischen Axolotl damit, dass Weibchen in Larvenform Eier legten, und zum anderen wandelten sich doch einige der Tiere zu landlebenden Salamandern um – ausgelöst durch Schilddrüsenhormone. Das Phänomen, dass manche Amphibien in Larvengestalt die Geschlechtsreife erlangen, nennt die Wissenschaft heute Neotenie. Außerdem verblüffen Axolotl mit einer bemerkenswerten Regenerationsfähigkeit, die ihresgleichen sucht. Abgetrennte Gliedmaßen und verletzte Organe wachsen wieder nach! Grundlage für eine beispiellose Karriere als Modellorganismus in den Laboren für Regenerations- und Entwicklungsbiologie, bis heute. Sogar das Genom des Axolotl ist seit 2018 komplett entschlüsselt. Es ist zehnmal größer als das unsere. In der Natur existieren heute geschätzt noch 50 bis 1.000 lebende Axolotl. Dafür leben Millionen Individuen in den Aquarien weltweit.

Art, Familie *Ambystoma mexicanum,* Querzahnmolche (Ambystomatidae) | **Vorkommen** Mexiko | **Habitat** ursprünglich Seensystem im Tal von Mexiko, heute nur noch Xochimilco-Kanäle und kleinere Gewässer in der Umgebung von Mexiko-Stadt | **Größe** 250–300 Millimeter | **Nahrung** Wirbellose, kleine Fische und Amphibien, auch kannibalisch | **Bedrohungsstatus** nach Roter Liste kritisch von Ausrottung bedroht, Population abnehmend | **Merke** Auch Nationalheilige haben es schwer!

9 Baumhöhlen-Krötenlaubfrosch

Nicht selten irren auch Wissenschaftler!

Allein der Name ist schon wunderbar! Der wissenschaftliche Artname *resinifictrix* entstand durch ein Missverständnis des Erstbeschreibers Emil August Goeldi (1859–1917). Er behauptete 1907, dass die Frösche die Baumhöhlen, in welchen sie häufig leben und in denen sie auch ablaichen, mit Harzen auskleiden würden. Dadurch würden diese wasserdicht und könnten zur Eiablage und Aufzucht der Kaulquappen genutzt werden. Sein Irrtum lag darin, dass er wohl zur Beschreibung eine Höhle erwischt hatte, die von Wildbienen mit Wachs ausgekleidet worden war.

Der Name (»resi« steht für Harz, »fictrix« für Gestalterin/Bildnerin) blieb trotzdem erhalten. Diesen Fehler sollte man Goeldi, einem renommierten Schweizer Zoologen, der unter anderem Professor an der Universität Bern war, aber nicht übel nehmen. Fühlen sich die Tiere bedroht, zum Beispiel, wenn man sie in die Hand nimmt, sondern sie eine klebrige, milchige Flüssigkeit über die Hautdrüsen ab. Das dürfte auch Goeldi beobachtet und diese zähe Flüssigkeit für die wächserne Schicht in den Baumhöhlen verantwortlich gemacht haben. Eigentlich dient diese Flüssigkeit aber der Feindabwehr, denn sie schmeckt erstens wohl fürchterlich und ist zweitens giftig. Bei Berührung des Frosches durch empfindliche Personen sind sofortige Hautreaktionen möglich. Die Haftscheiben an den Füßen und die Knochen des Frosches sind deutlich türkis gefärbt. Der grüne Gallenfarbstoff Biliverdin, ein Abbauprodukt des Hämoglobins, wird dort eingelagert und sorgt wahrscheinlich zusätzlich für den üblen Geschmack.

Die Weibchen legen bis zu 3.000 Eier pro Gelege, manchmal sogar mehrere Gelege hintereinander in denselben Pool. Die Entwicklung vom Ei bis zum Mini-Frosch geht schnell: Die Larven schlüpfen nach einem Tag und sind nach 16 Tagen fertig entwickelt.

Art, Familie *Trachycephalus resinifictrix*, Laubfrösche (Hylidae) | **Vorkommen** nahezu im gesamten Amazonasgebiet | **Habitat** tropische Regen- und Sekundärwälder, Sumpfwälder, gelegentlich sogar Feuchtsavannen | **Größe** bis 100 Millimeter | **Nahrung** Insekten, Spinnentiere | **Bedrohungsstatus** nach Roter Liste nicht gefährdet | **Merke** Die Dinge sind nicht immer so, wie sie auf den ersten Blick erscheinen!

10__Bergmolch

Heimischer Schwanzlurch mit tropischer Farbenpracht

Der Lurch des Jahres 2019 wird auch Alpenmolch genannt, wie der wissenschaftliche Artname *alpestris* bereits nahelegt. Allerdings erhielt der farbenprächtige heimische Schwanzlurch diesen Namen, weil sein Erstbeschreiber Dr. Joseph Nicolaus Laurenti ihn 1768 anhand von Funden aus den Alpen beschrieb. Der Bergmolch ist jedoch beinahe in ganz Deutschland verbreitet und nicht allein auf Berglandschaften oder gar die Alpen beschränkt. Der schöne Molch hält sich auch gern im Wasser auf und paart sich außerdem hier.

Je nachdem, wo sie sich aufhalten, sind die Tiere unterschiedlich gefärbt. Der Bergmolch hat eine Land- und eine Wassertracht in petto. Die Landtracht ist unscheinbarer und kontrastärmer als die Wassertracht zur Paarungszeit. Dann verfärbt sich der Rücken der Männchen blau, ein schicker Kontrast zum stets fleckenlosen orangen Bauch. Das Marmormuster an der Körperseite gibt der Gesamtoptik das i-Tüpfelchen und sorgt für ein tropisch anmutendes Äußeres. Auch die Weibchen haben einen orangen Bauch, jedoch keine Blaufärbung.

Den Startschuss für die Wanderung der Molche in ihr Laichgewässer und den Beginn der Paarungsaktivitäten gibt die Lufttemperatur, die bestenfalls zwischen fünf und zehn Grad Celsius liegen sollte, in Verbindung mit einsetzendem Regen. Im Gewässer angekommen, folgt ein kompliziertes Balzritual. Das Männchen umtanzt das Weibchen und wedelt ihm mit seinem Schwanz Duftstoffe aus seiner Kloake vor. In der letzten Phase der Balz wird das Spermienpaket an das Weibchen übergeben, und die innere Befruchtung findet statt. Die Eier werden später vom Weibchen an Wasserpflanzen angeheftet – pro Saison fast 400! Die Dauer der Entwicklung hängt stark von der Wassertemperatur ab. Die Larven schlüpfen nach maximal vier Wochen, und nach weiteren drei Monaten kann, je nach den äußeren Bedingungen, die Metamorphose von der Larve zum Salamander erfolgen.

Art, Familie *Ichthyosaura alpestris,* Echte Salamander (Salamandridae) | **Vorkommen** Europa | **Habitat** Moore, gewässerreiche Wälder, Wiesen- und Weidelandschaften | **Größe** Männchen bis 92 Millimeter, Weibchen bis 120 Millimeter | **Nahrung** Insekten und deren Larven, Asseln, Spinnen, Würmer, Kleinkrebse | **Bedrohungsstatus** besonders geschützt nach dem Bundesnaturschutzgesetz und der Bundesartenschutzverordnung | **Merke** In seiner Wassertracht ist der Bergmolch unser farbenprächtigstes Amphib.

11 Beutelfrosch

Ein Frosch mit einem Beutel

Hoch in den Anden, auf 2.200 bis 3.500 Metern über dem Meer, lebt ein auf den ersten Blick »normaler« Frosch. Aber was heißt hier schon normal? Farblich variiert seine Grundfärbung von Hellgrün bis Dunkelbraun mit zwei bis drei dunkelgrünen bis braunen Längsstreifen auf dem Rücken, die oft erst drei bis vier Monate nach der Metamorphose auftreten. Der Bauch ist deutlich heller und eher cremefarben. Die Beine tragen dunkle Querbinden. Er lebt terrestrisch, klettert aber auch schon mal in den Bäumen herum. Tagsüber hält er sich lieber unter Steinen und Wurzeln oder in Hohlräumen von Bäumen auf, um nachts auf die Jagd zu gehen. Die Männchen haben eine kehlständige Schallblase.

Bisher nichts Auffälliges, sagen Sie? Wenn wir uns jetzt aber ein Weibchen anschauen, dann entdecken wir auf seinem Rücken oberhalb der Kloake eine umgekehrt U-förmige Öffnung. Hier haben wir den Beutel, der den Fröschen zu ihrem deutschen Namen verhalf. Dieser Beutel ist bereits drei Monate nach der Metamorphose sichtbar. Ein Weibchen kann sich nur einmal im Jahr fortpflanzen. Die Paarungszeit fällt meist in die Regenzeit von Dezember bis Juni. Das Männchen umklammert das Weibchen unter den Achseln (axialer Amplexus) und entlässt sein Sperma auf den unteren Rücken des Weibchens. Wenn das Weibchen die Eier legt, schiebt das Männchen sie mit seinen Fersen über den Rücken des Weibchens etwa einen Zentimeter tief in den Beutel. Rund drei Millimeter groß sind die Eier, und es können auch mal 80 bis 200 Stück sein. Die Beutelöffnung verschließt sich bis kurz vor dem Schlupf der Kaulquappen zu einem Schlitz. Im Beutel findet eine starke Blutgefäßbildung statt. Nach circa 27 Tagen begibt sich das Weibchen in ein Gewässer, hält sich mit den Vorderbeinen fest und kratzt mit den langen Zehen die Kaulquappen aus dem Beutel. Bereits nach einem Monat klettern dann kleine Beutelfrösche an Land.

Art, Familie *Gastrotheca riobambae*, Beutelfrösche (Hemiphractidae) | **Vorkommen** Nord- und Zentral-Ecuador, Anden, südlich von Imbabura bis Chimborazo | **Habitat** Wald, Buschland, Feuchtgebiete und Graslandschaften | **Größe** 70 Millimeter | **Nahrung** Insekten, Spinnen, kleinere Amphibien und kleinere Reptilien | **Bedrohungsstatus** nach Roter Liste stark gefährdet, Population abnehmend | **Merke** Kängurus tragen ihren Beutel auf dem Bauch, Beutelfrösche auf dem Rücken.

12 Borneo-Flugfrosch

Ein fliegender Frosch

Wilhelm Busch schrieb: »Wenn einer, der mit Mühe kaum gekrochen ist auf einen Baum, schon meint, daß er ein Vogel wär, so irrt sich der.« Doch er kannte offensichtlich den Borneo-Flugfrosch nicht. Denn der begibt sich hoch in die Bäume, und mit seinen zwischen den Zehen befindlichen Flughäuten kann dieser Frosch zwar nicht fliegen, jedoch beachtliche 20 Meter von einem Baum zum nächsten durch das Kronendach der letzten Regenwälder Borneos gleiten.

Erst 2013 wurde der Borneo-Flugfrosch als eigene Art vom nahe verwandten Reinwardts-Flugfrosch getrennt. Er unterscheidet sich von diesem und anderen *Rhacophorus*-Arten in kleinen Nuancen: Sein Rücken ist makellos grün, die Oberschenkel sind auf der Unterseite beim Männchen gelblich orange, beim Weibchen schwarz und mit himmelblauen Punkten übersät. Die Haftscheiben an den Endgliedern der Zehen und Finger sind gelb und stark verbreitert. Die großen schwarzen Schwimmhäute sind mit blauen Adern durchzogen und an den Rändern gelborange. Hände und Füße sind sehr groß, nur so bieten sie eine ausreichende Segelfläche, damit der Frosch auch gleiten kann. Die Bauchseite ist gelborange granuliert mit schwarzen Flecken. Auffallend sind die großen vorstehenden Augen mit waagrechter elliptischer Pupille. Man muss ja sehen, wo man hinfliegt!

Zur Regenzeit, nach kräftigen Schauern, verlässt der Frosch seine luftige Höhe, um sich zu paaren. Über Tümpeln klebt das größere Weibchen seine Eier an tief hängende Blätter. In der Umklammerung stößt das Weibchen neben den Eiern ein Sekret aus, das vom Männchen mit den Beinen zu einem festen Schaum geschlagen wird. Die Eier werden bei der Ablage besamt und in dieses Schaumnest gelegt. Die sich entwickelnden Larven lassen sich ab einem entsprechend weiten Entwicklungsstadium ins Wasser fallen. Dieses verlassen die Jungfrösche mit der Metamorphose, um sich zu den Baumwipfeln aufzumachen.

Art, Familie *Rhacophorus borneensis*, Ruderfrösche (Rhacophoridae) | **Vorkommen** Malaiische Halbinsel: Maliau Basin Conservation Area; Borneo: Sandakan, Sabah, Batang Ai National Park, Sarawak | **Habitat** tropischer Regenwald | **Größe** 51 – 65 Millimeter | **Nahrung** überwiegend Insekten | **Bedrohungsstatus** in der Roten Liste noch nicht gelistet | **Merke** Auch ein Wilhelm Busch konnte sich irren!

13 Borneo-Regenbogenkröte

Das wiederentdeckte Juwel von Borneo

Seit 1924 war dieses Juwel offenbar aus Borneos Regenwäldern verschwunden. Diese nachtaktive und wirklich gut getarnte Kröte ist auch schwer zu entdecken, und sie war der Wissenschaft nur von drei Exemplaren, die in Museen schlummern, bekannt. Das allererste wurde 1893 von dem deutschen Botaniker Johann Gottfried Hallier (1868–1932) gesammelt. Aber erst Robert Frederick Inger (1920–2019) beschrieb die Art 1966 anhand der Museumsexemplare wissenschaftlich. Manches braucht so seine Zeit in der Wissenschaft.

Die Farbgebung der Borneo-Regenbogenkröte ist in Kombination mit der unebenen Hautoberfläche eine perfekte Tarnung und ähnelt Moos, das an Bäumen wächst. Finden Sie diese Kröte mal in den Regenwäldern hoch oben in den Bergen Borneos! In all den Jahren hat einfach auch niemand nach der kleinen Kröte gesucht. Wobei das ursprüngliche Habitat in Sarawak, in dem zwei der Museumsexemplare gefunden wurden, heute nicht mehr existiert. Eine schier hoffnungslose Suche. Doch durch die Organisation »Conservation International« wurde 2010 eine der größten Fahndungsaktionen nach den zehn meistgesuchten Fröschen der Welt realisiert. Weltweit machten sich 33 Teams aus Spezialisten und Enthusiasten auf zur »Search of the Lost Frogs«, um die Letzten ihrer Art zu finden. Und weltweit drückten daheimgebliebene Herpetologen wie wir die Daumen. Und tatsächlich: Als letztes Team schafften die Forscher um Dr. Indraneil Das die Sensation und entdeckten 2011 in einem höher gelegenen Gebiet als erwartet die Borneo-Regenbogenkröte wieder.

Diese Kampagne fand nicht nur einige verloren geglaubte Arten wieder, die Forscher spürten auch zahlreiche neue Arten auf und erreichten ein Maß an Aufmerksamkeit, das die Amphibienwelt noch nie erleben durfte. Inspiriert durch diese Kampagne ging man auch noch mal in Indien auf die Suche und entdeckte unglaubliche 36 verloren geglaubte Arten wieder!

Art, Familie *Ansonia latidisca,* Kröten (Bufonidae) | **Vorkommen** Borneo: West-Kalimantan, West-Sarawak, sehr kleines Gebiet | **Habitat** primärer Bergregenwald | **Größe** 42,6–51,8 Millimeter | **Nahrung** Wirbellose | **Bedrohungsstatus** nach Roter Liste stark gefährdet, Population abnehmend | **Merke** Jede Suche lohnt sich!

14 Bunter Katzenaugenfrosch

Er könnte auch Wunderbarer Schönfrosch heißen!

Auf die Gefahr hin, dass sich der Autor an dieser Stelle wiederholt: Ist dieser Frosch nicht eine atemberaubende Schönheit? Zugegebenermaßen sind jetzt nicht alle Amphibien wunderschön, es gibt eben auch die skurrilen Frösche, die seltsamen, in Höhlen lebenden Salamander, die als Anpassung an ihre Lebensweise ungefärbt sind, die etwas komisch aussehenden Wühlen und so weiter. Aber bei diesem Foto schmilzt man doch dahin! Die Grundfärbung kann variieren, sodass es Individuen gibt, die braun, braunorange, braunrot, mehr rötlich, dezent orange oder kräftig orange sind. Die Tupfen sind immer weiß und immer über den Rücken verteilt, meist auch auf Brust und Bauch zu finden, hier können sie aber dunkel sein. Dorsal, also auf dem Rücken, bilden einige Punkte eine Linie von der abgerundeten Nase über den Rücken, wobei sie die Augen durchziehen. Apropos Augen: Wenn Sie diese genau betrachten, fällt auf, dass die Iris im oberen Drittel weiß ist, während die unteren zwei Drittel körperfarben sind.

Mit der nahe verwandten Gattung *Theloderma* verbindet diesen Frosch unter anderem die Fähigkeit zum Farbwechsel. Dies darf man sich nicht wie bei einem Chamäleon vorstellen, das eine breite Farbpalette nachzeichnen kann, doch der Katzenaugenfrosch ist immerhin in der Lage, sich deutlich ins Braune zu verfärben, wenn der Untergrund dies verlangt. Übrigens eine verbreitete Fähigkeit unter Fröschen.

Diese Art ist zwar meist in Tiefland-, aber gelegentlich auch in Bergregenwäldern in bis zu 1.800 Metern Höhe zu finden. *Nyctixalus pictus* ist in der Terraristik ein beliebter Frosch, aber da er nachtaktiv ist, bleiben zur Beobachtung nur die Abendstunden, wenn die Beleuchtung erloschen und die Temperatur gesunken ist. Dann lassen sich die Tiere zum Beispiel bei der Jagd beobachten. Ein weiterer Vorteil für den Privathalter ist der relativ leise Ruf des schönen Frosches.

Art, Familie *Nyctixalus pictus*, Ruderfrösche (Rhacophoridae) | **Vorkommen** Malaiische Halbinsel, Teile Borneos, Sumatras, eventuell Vietnam | **Habitat** primäre und sekundäre tropische Tieflandregenwälder | **Größe** bis 35 Millimeter | **Nahrung** Insekten, Spinnentiere | **Bedrohungsstatus** nach Roter Liste gering gefährdet, Population abnehmend | **Merke** Spektakulär!

15 Chinesischer Riesenflugfrosch

Schüchterner Riese

Diese Frösche können von Ast zu Ast gleiten, aber sie können nicht fliegen wie Vögel, Fledermäuse oder Insekten. Ihre Zehen sind vollständig mit Schwimmhäuten versehen und haben vergrößerte Haftscheiben. Beim Gleiten werden die beachtlichen Schwimmhäute ausgebreitet, so wird der »Flug« stabilisiert. Da dieser Frosch an stehenden Gewässern brütet, nimmt er auch Reisfelder, diverse Tümpel, Gräben, Sümpfe und künstlich angelegte Teiche als Brutstätten an. Daher ist er auch als Kulturfolger bekannt. Sonst fühlt sich dieser Flugfrosch in Primärwäldern wohl.

Der Ruf dieser anpassungsfähigen Froschart ist außergewöhnlich laut. Zur Paarungszeit kommen die Tiere über dem Gewässer in den dort wachsenden Pflanzen zusammen. Mit bis zu 50 Fröschen, manchmal sogar mehr, hängen sie in den Zweigen und Blättern und gehen ihrem Laichgeschäft nach. Dazwischen tummeln sich oft noch andere Froscharten, die sich hier zur selben Zeit paaren möchten. Die Flugfrösche bauen ein Schaumnest, das in den Pflanzen hängt. Hierin legen die Weibchen die Eier, in denen sich die Larven entwickeln, die beim Schlupf in das darunterliegende Gewässer fallen.

Wenn die erwachsenen Tiere in der Nacht angestrahlt werden, bedecken sie ihre Augen mit den Händen, als wollten sie sagen: »Mach das verdammte Licht aus!« Die Ruderfrösche sind eine sehr große Froschfamilie aus der Alten Welt, sie beinhaltet 446 Arten in 22 Gattungen. Eine der jüngeren Gattungen, die erst 2019 beschrieben beziehungsweise systematisch neu eingeordnet wurde, ist die des Chinesischen Flugfrosches *Zhangixalus*. Seit 2015 ist das vollständige mitochondriale Genom dieser Art bekannt, es umfasst 17.572 Basenpaare. Unter anderem solche genetischen Untersuchungen führen häufig dazu, dass alte systematische Ordnungen neu sortiert werden müssen.

Art, Familie *Zhangixalus dennysi,* Ruderfrösche (Rhacophoridae) | **Vorkommen** historisch Nord-Myanmar, China, Nordvietnam, Laos | **Habitat** Wälder, Auwälder in hügeligen Gebieten, 90 bis 1.500 Höhenmeter | **Größe** Männchen 85 Millimeter, Weibchen bis 135 Millimeter | **Nahrung** Wirbellose | **Bedrohungsstatus** nach Roter Liste nicht gefährdet, Population abnehmend | **Merke** Frösche können fast alles – beinahe sogar fliegen!

16 Chinesischer Riesensalamander

Der Gigant lässt bitten

Der Name ist Programm, denn der Chinesische Riesensalamander ist das größte lebende Amphib der Welt. Lediglich dicht gefolgt von seinem nahen Verwandten, dem Japanischen Riesensalamander (*Andrias japonicus*). Die Arten sehen sich sehr ähnlich, Mischlinge sind in Farmhaltung und durch Aussetzung von Chinesischen Riesensalamandern in Japan häufig und ein Artenschutzproblem. Gemeinsam mit den Hellbendern bilden sie die urtümliche Familie der Riesensalamander, deren Linie bereits im Erdzeitalter des Jura existierte.

Die lichtscheuen Tiere bewohnen große Gebirgsbäche. Der stark abgeflachte Körper liegt am Boden des Gewässers und bietet der Strömung wenig Angriffsfläche. Ihr seitlich abgeflachter Schwanz macht fast 60 Prozent des über einen Meter langen Körpers aus. Es benötigt etwas Anstrengung, um die winzig kleinen Augen der braun oder grau bis hin zu schwarz gefärbten Riesen zu entdecken. Die Tiere bleiben ausschließlich im Wasser und gehen niemals an Land. Natürliche Feinde sind ihnen fremd. Die kommerzielle Jagd für den menschlichen Verzehr ist die größte Bedrohung für die Giganten. Da die Tiere vermehrt als Delikatesse auf den Tellern asiatischer Feinschmecker landen, erreichen die Riesen immer seltener ihre historisch überlieferte Körpergröße von zwei Metern. Einst brachten die Tiere rund 40 Kilogramm auf die Waage.

Habitatzerstörung durch den Bau von Staudämmen und die Verschmutzung des Wassers durch Minen machen den Tieren zu schaffen. Trotz kommerzieller Zucht werden zahlreiche Exemplare der Natur entnommen, und es leben nur noch wenige Riesensalamander in den Gebirgsbächen ihrer Heimat. Es muss bald ein Bewusstseinswandel hinsichtlich des Konsums der Tiere in ihrer Heimat entstehen, sonst ist es bald das Aus für das größte Amphib unserer Zeit.

Art, Familie *Andrias davidianus,* Riesensalamander (Cryptobranchidae) | **Vorkommen** China | **Habitat** große, kalte und klare Gebirgsbäche bewaldeter Gebiete | **Größe** maximal 180 Zentimeter | **Nahrung** Fische, Amphibien und deren Kaulquappen, Schnecken, kleine Wirbeltiere | **Bedrohungsstatus** nach Roter Liste kritisch von Ausrottung bedroht, Population stark abnehmend | **Merke** Es reicht nicht aus, groß zu sein, um sicher zu sein!

17_Colorado-Kröte

Kröte gegen Depression

Das giftige Hautsekret der Colorado-Kröte dient eigentlich der Feindabwehr und zum Schutz vor Bakterien und anderen fiesen Krankheitserregern. Als Ersatz für Drogen wurde diese Kröte in den 1990er Jahren zum Lieblingstier der Süchtigen. Das Krötenlecken wurde zum Partysport. Man musste lediglich sein Haustier ärgern, und es reagierte mit Sekretion des milchigen Hautgiftes. Die Substanzen des Sekretes sind dem LSD relativ ähnlich und wirken halluzinogen. Man leckte den tripversprechenden Saft direkt von der Kröte ab. Ein wenig schmackhaftes Erlebnis!

Diese Droge erlangte besonders in den USA eine solche Beliebtheit, dass die Polizei nun sogar einen Spitznamen für die Krötenlecker hat: Toadies. Halluzinogen wird das Gift der Colorado-Kröte durch die Kombination des in allen Krötenarten vorkommenden Stoffes Bufotenin mit Dimethyltryptamin und 5-Methoxymonomethyltryptamin. Außerdem enthalten sind Epinephrin (Adrenalin) und Norepinephrin. Die Verwendung des Giftes kann auch zu wahren Horrortrips und schweren Herzrhythmusstörungen führen. Allerdings berichten »Krötennutzer« auch davon, dass sich Depressionen und Angstzustände langfristig verringern. Dies griff aktuell die Forschung auf und untersucht nun die Wirksamkeit des Giftes als Antidepressivum – mit vielversprechenden Aussichten.

Dabei wäre es dennoch höchst unfair, die Colorado-Kröte lediglich auf ihr Hautgift zu reduzieren. Denn sie ist außerdem prima an das Leben im trockenen Lebensraum der Wüsten angepasst. Gegen die Tageshitze kann sich die Kröte im Sandboden eingraben und so der Sonne ausweichen. Zum Schutz werden tagsüber auch verlassene Baue von Nagetieren aufgesucht. Während der Trockenzeit gräbt sich die Kröte bis zu einer feuchten Schicht in den Boden ein und umgibt sich hier mit einer Schleimhülle. So hält sie Hitzeruhe, bis erste Regenfälle das Amphib wecken und zur Fortpflanzung rufen.

Art, Familie *Incilius alvarius,* Kröten (Bufonidae) | **Vorkommen** Nordamerika: Arizona, Kalifornien, New Mexico, Nordwest-Mexiko | **Habitat** Wüsten, Halbwüsten und Grasland | **Größe** Männchen bis 16 Zentimeter, Weibchen bis 20 Zentimeter | **Nahrung** Insekten, Schnecken, Würmer und sogar kleine Reptilien | **Bedrohungsstatus** nach Roter Listen nicht gefährdet | **Merke** Wer Colorado-Kröten ableckt, hat das Märchen vom Froschkönig falsch verstanden!

18 Coqui-Pfeiffrosch

Die größte Gröle

Der Coqui-Pfeiffrosch, kurz Coqui, ist im karibischen Inselstaat Puerto Rico endemisch. Der kleine, unauffällige Frosch trumpft gleich mit mehreren Talenten auf. Bemerkenswert ist sein Ruf, der ihm seinen Namen, aber auch viel Ärger einbrachte, denn er ist laut. Sehr laut! Er klingt wie »ko-kee« oder »ko-qui« und misst im Abstand von einem halben Meter zum Tier ohrenbetäubende 100 Dezibel. Das ist die höchste Lärmstufe, in der sich auch Kreissägen, Autohupen und Rockkonzerte tummeln. Außerdem mögen es die anpassungsfähigen Tiere kuschelig, rund 20.000 Individuen können sich auf einem Hektar ihres natürlichen Habitats aufhalten. So dicht besiedeln keine anderen Amphibien ihren Lebensraum.

Auch wenn sich die Coquis das ganze Jahr über fortpflanzen, bevorzugen sie hierfür die Regenzeit. Weibchen legen pro Jahr bis zu sechs Gelege mit je 28 Eiern an einer feuchten Stelle ab, entweder in eingerollte Blätter oder in verlassene Nisthöhlen von Vögeln. Aufgabe der Männchen ist das Befeuchten der Eier. Werden diese zu trocken, sammeln die Männchen Flüssigkeit, um die Eier wieder zu bewässern. Die Jungfrösche schlüpfen direkt, ohne vorheriges Larvenstadium.

Der Pfeiffrosch kam in den 1990er Jahren unbeabsichtigt auf Hawaii an. Aufgrund seiner Konzerte – und um die heimische Natur zu schützen – wurde er alsbald vehement bekämpft und als »Pest« eingestuft. Hier wurden sogar 91.000 Coquis pro Hektar gezählt. Da die Frösche keine speziellen Beutevorlieben haben, machen sich die Hawaiianer zu Recht Sorgen um ihre einzigartige Insekten- und Spinnenfauna. Zudem könnten die Frösche ein Nahrungskonkurrent für die Vogelwelt sein. Vor den Coquis gab es keine Frösche auf Hawaii – und vor allem keine mit so lautem Ruf. Dies stört Bewohner und Touristen gleichermaßen, und man befürchtet negative Auswirkungen der Froschkonzerte auf die Grundstückspreise.

Art, Familie *Eleutherodactylus coqui,* Eleutherodactylidae | **Vorkommen** Puerto Rico, eingeführt auf Hawaii, in Costa Rica, der Dominikanischen Republik und den Jungferninseln | **Habitat** Mischwälder | **Größe** Männchen bis 34 Millimeter, Weibchen bis 41 Millimeter | **Nahrung** kleine Wirbellose, Insekten, Spinnentiere | **Bedrohungsstatus** nach Roter Liste nicht gefährdet, Population ansteigend | **Merke** Als invasive Art noch als mäßig schädlich eingestuft – na ja!

19 Corroboree-Frosch

Australiens Frosch-Ikone

Zwei Arten zeigen eine südliche und eine nördliche gelb-schwarze Streifenvariante. Der Corroboree-Frosch ist die südliche Variante, sein ähnlicher Vetter, der nördliche Corroboree-Frosch (*Pseudophryne pengilleyi*), hat bloß schmalere gelbe Streifen. Aufgrund der auffälligen Färbung könnte man vermuten, dass der Frosch giftig ist, und man liegt damit goldrichtig! Sein Gift produziert das Tier selbst und bezieht die Zutaten dafür nicht aus der Nahrung.

Zudem ist die gelb-schwarze Tracht nicht nur eine Warnung, sondern auch eine effiziente Tarnung. Das Streifenmuster verwirrt Beutegreifer aus der Luft und macht den Frosch schwer erkennbar. Auf das Leben in hochalpinen Heidelandschaften spezialisiert, sucht der Frosch Verstecke im Moos oder unter Steinen, Hauptsache, feucht! Der auffällige Lurch benötigt Torfmoose (*Sphagnum*) zur Fortpflanzung. Daraus baut das Männchen ein Nest, in das es mit einem Werberuf nach und nach mehrere Weibchen lockt. Ein Weibchen legt hier bis zu 38 Eier ab. Die Kaulquappen entwickeln sich, gut bewacht vom Männchen, innerhalb von vier Wochen. Sie bleiben jedoch weitere sechs Monate im schützenden Ei, bis erster Schnee und Regen sie aus diesem löst. Die Kaulquappen überwintern im Nest und werden erst im Frühjahr zu Jungfröschen. Mit drei Jahren werden sie geschlechtsreif, und meist überleben sie nur eine Brutsaison als erwachsenes Tier.

In der Natur ist diese Art mit weniger als 250 erwachsenen Tieren beinahe ausgerottet. Nach mehreren Jahrzehnten Abwesenheit sollen nun gezüchtete Frösche in geschützten Bereichen des Habitats angesiedelt werden. Das Problem sind die Vögel, die vergessen haben, dass die gestreiften Frösche nicht schmecken. Sie müssen das Signal »Ich bin nicht lecker!« erst wieder lernen. Mit gelb-schwarz gestreiften Tonmodellen trainierten Forscher die Vögel darauf, dass die wertvollen Frösche ungenießbar sind. Mit Erfolg.

Art, Familie *Pseudophryne corroboree*, Australische Wasserfrösche (Myobatrachidae) | **Vorkommen** Australien: Kosciuszko-Nationalpark, New South Wales | **Habitat** Feuchtgebiete, Heide, Gras- und Buschland, Eukalyptushaine im hochalpinen Gebiet | **Größe** Männchen 22–28 Millimeter, Weibchen 24–30 Millimeter | **Nahrung** Ameisen, Termiten | **Bedrohungsstatus** nach Roter Liste kritisch von Ausrottung bedroht, Population abnehmend | **Merke** Die gelb-schwarzen Streifen warnen vor der Giftigkeit der Tiere!

20 Darwin-Nasenfrosch

Spuck's aus, Alter!

Der namengebende Nasenfortsatz ist eine schmale Hautfalte, unter der die eigentliche Nase liegt. Darwin selbst entdeckte diesen unauffälligen Frosch, der seine Farbe innerhalb von Monaten verändern kann, während seiner großen Forschungsreise mit der »Beagle« in den Wäldern der Insel Chiloé vor Chile. Diese Wälder werden heute abgeholzt und durch Kiefernanpflanzungen zur Holzgewinnung ersetzt. Die Kiefern wachsen rasant und sind nach acht Jahren erntereif. Die Böden versauern und trocknen aus, was Waldbrände verstärkt. So verliert der Darwin-Nasenfrosch seine Heimat. Dazu kommt die Bedrohung durch weltweit um sich greifende tödliche Krankheiten wie den Chytridpilz.

Dabei ist die Gattung *Rhinoderma*, die nur zwei Vertreter aufweist (*Rhinoderma darwinii* und *Rhinoderma rufum*), etwas Besonderes. Denn hier wird der Mann »schwanger«. Das Weibchen legt die Eier auf feuchtem Moos oder Laubstreu ab, das Männchen befruchtet und bewacht sie. Zappeln die Larven nach drei Wochen im Ei, verschluckt das Männchen diese und brütet sie in seinem Kehlsack aus. Mit fortschreitender Entwicklung der Larven dehnt sich der Kehlsack über dem Bauch. Man kann die Jungen durch die Kehlsackhaut zappeln sehen. Nach ein bis zwei Monaten spuckt der Vater die Miniatur-Nasenfrösche aus. Bei *Rhinoderma rufum* werden Kaulquappen direkt ins Gewässer gespuckt. Leider scheint diese Art bereits ausgerottet zu sein. Umso wichtiger ist es, wenigstens *Rhinoderma darwinii* zu retten.

Genau das macht die Universität in Conceptión (Chile) zusammen mit Zoos seit 2009 in einem Erhaltungszuchtprojekt. Der Darwin-Frosch ist eine von 179 bedrohten Arten, deren »Grüner Status« erfasst wird. Auf einer Skala von 0 bis 100 Prozent kann man ablesen, ob sich die Art wieder erholt. Hier liegt der Wert bei 17 Prozent, kritisch dezimiert! Ohne frühere Maßnahmen wäre dieser Wert bei unter 3 Prozent … Höchste Zeit!

Art, Familie *Rhinoderma darwinii*, Nasenfrösche (Rhinodermatidae) | **Vorkommen** Chile: Aysén; Argentinien: Neuquén, Rio Negro | **Habitat** Araukarien- und Südbuchenwälder, Feuchtgebiete, Laubstreu, bis auf 1.100 Höhenmeter | **Größe** maximal 30 Millimeter | **Nahrung** Insekten, kleine Wirbellose | **Bedrohungsstatus** nach Roter Liste stark gefährdet, Population abnehmend, Grüner Status bei kritisch dezimiert | **Merke** Schwangerschaft bei Männern fällt etwas anders aus!

21 Doris-Swansons-Pfeilgiftfrosch

Wunderschöne Seltenheit

Dieser Pfeilgiftfrosch lebt ausschließlich in einem kleinen Gebiet in den nördlichen Zentralkordilleren der kolumbianischen Anden. Durch diese Bergkette zieht sich der Kaffeegürtel Kolumbiens. Hier wird der weltberühmte Hochlandkaffee des Landes angebaut. Weit mehr als 70 Prozent aller hier lebenden Arten existieren nur in dieser Region. Es sind Endemiten, deren Überleben mit dem ihrer Umwelt fest verwoben ist. Bis auf wenige Flächen wurde hier der überwiegende Teil der ursprünglichen Vegetation bereits in Plantagen umgewandelt. Dennoch konnten sich noch viele Arten erhalten. Im Jahresmittel liegen die Temperaturen im Hochland zwischen 12 und 18 Grad Celsius, und häufig legt sich Nebel über die Berghänge.

In diesen Nebelwäldern fühlt sich der kleine dunkle Frosch mit den roten Tupfen wohl und hält sich tagsüber auf dem Waldboden oder in Bromelien auf. Die Männchen sind zierlicher und kleiner als die Weibchen. Männchen rufen mit lang anhaltenden Brummtönen, dadurch sind sie unverwechselbar von den anderen Arten ihrer Gattung zu unterscheiden. Die Haut dieser Froschart ist relativ glatt, dennoch sind die Tiere in der Lage, ein bis zwei Kaulquappen auf ihrem Rücken in eine Bromelie zu tragen, in der sie zu Jungfröschen heranwachsen.

Diese Frösche haben nur vier Zehen, da die ersten beiden Zehen miteinander verwachsen sind. Eine morphologische Besonderheit, die bisher nur bei zwei Pfeilgiftfroscharten beschrieben wurde. Diese Froschart wurde zu Ehren der engagierten Naturschützerin Doris Swanson aus Spokane, Washington, benannt. Das Ehepaar Swanson setzte sich insbesondere für den Schutz der Biodiversität der tropischen Anden ein. Auch nach ihrem Ehemann Dale wurde ein Pfeilgiftfrosch benannt, nämlich *Andinobates daleswansoni*, der zweite mit nur vier Zehen.

Art, Familie *Andinobates dorisswansonae*, Baumsteigerfrösche (Dendrobatidae) | **Vorkommen** kolumbianische Anden, Departamento del Tolima | **Habitat** Nebelwald in Höhen über 1.780 Metern | **Größe** Männchen bis 17,1 Millimeter, Weibchen bis 19,4 Millimeter | **Nahrung** kleine Wirbellose | **Bedrohungsstatus** nach Roter Liste gefährdet | **Merke** Mit vier Zehen durchs Leben gehend, ist Frosch etwas Besonderes!

22 Dunns-Winkelzahnmolch

Paarungsknäuel ohne Weibchen!

Bei dem Trivialnamen stellt sich die Frage nach dessen Herkunft. Emmett Reid Dunn war ein amerikanischer Herpetologe, der mit der Benennung geehrt wurde. Die Winkelzahnmolche erhielten ihren Namen, weil sie Gaumenzähne besitzen, die einen Doppelwinkel bilden, der an ein »M« erinnert. Wie die Riesensalamander gelten sie als altertümliche Schwanzlurche, die einige Unterschiede zu den modernen Lurchen zeigen. Der Dunns-Winkelzahnmolch besitzt elf Rippenfurchen, die meisten anderen Schwanzmolche zwölf. Diese Rippenfurchen geben dem Körper ein segmentiertes Aussehen. Der Schwanz ist relativ kurz und zur Spitze hin seitlich abgeflacht.

Normalerweise nimmt ein Molchweibchen zur Befruchtung der Eier eine Spermatophore in ihren Körper auf, die das Männchen vorher auf dem Untergrund abgesetzt hat. Es findet also eine interne Befruchtung statt. Nur bei zwei Familien der Schwanzlurche, darunter die Winkelzahnmolche, findet eine externe Befruchtung statt. Die Weibchen suchen zur Eiablage langsam fließende Gewässer auf, gern Stellen mit Ästen und Zweigen, die ins Wasser ragen oder auf dem Grund liegen. Findet das Männchen ein Weibchen bei der Eiablage im Wasser, wartet es ab, bis diese beendet ist, um sich dann um die Eier herumzuwickeln. Dabei wird das Weibchen von den Eiern weggedrückt. Anschließend kommen dann meist weitere Männchen hinzu, die zusammen mit dem ersten ein Paarungsknäuel bilden und darum konkurrieren, die Eier zu befruchten. Natürlich werden dabei die Eier von verschiedenen Männchen befruchtet, was für eine hohe genetische Variabilität und damit eine höhere Überlebenswahrscheinlichkeit sorgt. Das ist ganz im Sinne der Evolution! Bei genetischen Vergleichen zwischen Dunns-Winkelzahnmolchen aus dem nördlichen und südlichen Verbreitungsgebiet zeigten sich deutliche Unterschiede, obwohl das Verbreitungsgebiet recht klein ist.

Art, Familie *Hynobius dunni*, Winkelzahnmolche (Hynobiidae) | **Vorkommen** japanische Inseln Shikoku und Kyushu | **Habitat** Waldränder und ähnliche Habitate, Reisfelder, Flüsse und Sümpfe | **Größe** bis 160 Millimeter | **Nahrung** Insekten, Spinnentiere, Regenwürmer, Asseln | **Bedrohungsstatus** nach Roter Liste gefährdet, Population abnehmend | **Merke** Gruppensex kann ein evolutiver Vorteil sein!

23 Erdbeerfröschchen

Kleiner Frosch mit großer Farbenvielfalt

Das Erdbeerfröschchen ist mit lediglich zwei Zentimetern ein Zwerg (*pumilio* im wissenschaftlichen Namen leitet sich vom lateinischen *pumilus* für Zwerg ab), aber ein wahrer Riese, was die Variabilität seines Aussehens angeht. Es gibt ihn in einheitlich Rot, in Rot mit dunklen Punkten – daher der Name –, in Rot mit blauen Beinen, mit blauem Rücken und blauen Beinen, mit weiß-blauem Bauch, in Gelb mit dunklen Punkten und so weiter, dazu kommen glatthäutige und granuliert-häutige Varianten. Je nach Vorkommen gibt es Größenunterschiede und kleine Unterschiede in der Zusammensetzung der Hautgifte. Denn dieser Zwerg ist ein Pfeilgiftfrosch, und eine Gruppe der Toxine wird nach diesem Frosch als Pumiliotoxine benannt.

Das Erdbeerfröschchen entpuppt sich, sofern es männlich ist, als kleiner Macho mit einem territorialen Anspruch von 2,5 Quadratmetern. Wenn ein Rufduell nicht reicht, verteidigt er sein Revier gegen den Rivalen im Ringkampf. Dabei versucht er, seinen Gegner auf den Rücken zu werfen und ihn auf den Boden zu drücken. Gelingt es ihm, so gibt er den Verlierer frei, verfolgt ihn rufend bis über die Grenze hinaus. Sein Revier ist zwar überwiegend auf dem Boden, aber der kleine Frosch kann gut klettern und erklimmt auch Bäume, sofern diese geeignete Bromelien (Epiphyten, zu Deutsch: Aufsitzerpflanzen) als Aufzuchtorte für die Larven beherbergen. Das Weibchen benötigt zur Eiablage kein Wasserbecken, sondern lediglich feuchte Laubstreu, in das es 6 bis 16 Eier ablegt. Nach sieben Tagen schlüpfen die Larven und werden vom Waldboden huckepack in wassergefüllte Bromelientrichter gebracht. Damit die Kaulquappen ausreichend Nahrung finden, werden sie vom Weibchen mit Nähreiern versorgt. Der wissenschaftliche Gattungsname *Oophaga* leitet sich davon ab, denn er bedeutet Eierfresser. Alle zwei bis drei Tage benötigt die Larve ein Nährei (Abortivei). Ohne diese kann sie nicht überleben.

Art, Familie *Oophaga pumilio*, Baumsteigerfrösche (Dendrobatidae) | **Vorkommen** Costa Rica, Nicaragua, Panama | **Habitat** Tieflandregenwald, bis auf 960 Höhenmeter, Kakaoplantagen | **Größe** 17–24 Millimeter | **Nahrung** kleine Insekten | **Bedrohungsstatus** nach Roter Liste nicht gefährdet | **Merke** Ein bunter, kleiner und giftiger Eierfresser!

24 Erdkröte

Liebestoll auf der Walz

Eines der häufigsten und bekanntesten Amphibien Europas wird bereits seit dem Altertum geschätzt, denn das Erdkrötengift ist seit jeher als Heilmittel bekannt. Die eigentlichen Funktionen des giftigen Sekrets sind jedoch die Feindabwehr sowie der Schutz vor Mikroorganismen. Im Winter finden die unscheinbaren braunen Kröten in frostfreien Verstecken oder in selbst gegrabenen, oft bis zu einem Meter tiefen Erdlöchern Schutz.

Die knubbeligen Lurche haben die Eigenheit, zu bestimmten Zeiten des Jahres zu wandern. Hierfür müssen jedoch einige Faktoren stimmen: Luft- und Bodentemperatur, Windstärke, Feuchtigkeit. Die Wanderungen beginnen frühestens im Februar und können mehrere Wochen andauern. Gemeinsames Ziel ist das Laichgewässer. Dabei nehmen die liebestollen Lurche wenig Rücksicht auf stark befahrene Straßen, die Verkehrsordnung oder Wegweiser – warum auch, schließlich waren sie weit vor alledem da.

Zu ihrem Schutz werden daher fleißig Krötenzäune aufgebaut, und Helfer machen sich auf, um Kröten auf Wanderschaft einzusammeln. Stets eine schlafraubende Angelegenheit, denn erwachsene Erdkröten sind vornehmlich dämmerungs- und nachtaktiv. Doch der Einsatz lohnt sich, und der Lurch des Jahres 2012 ist im Bestand stabil. Und das, obwohl männliche Kröten wenig wählerisch in der Partnerwahl sind. Sie umklammern alles, was sie umklammern können. Dazu zählen neben den helfenden Händen ihrer menschlichen Retter artfremde Lurche, Wasservögel, tote Fische, im Wasser treibende Gegenstände und Männchen der eigenen Art. Letztere machen jedoch mit einem entsprechenden Ruf auf sich aufmerksam und kommen frei. Die wilde Gier, alles zu klammern, was nicht bei drei aus dem Wasser ist, ist verständlich, denn Weibchen sind rar. Tausende Kaulquappen verlassen im Sommer als »Froschregen« die Gewässer und wandern in eine ungewisse Zukunft.

Art, Familie *Bufo bufo,* Kröten (Bufonidae) | **Vorkommen** Europa, mit Ausnahme des nördlichen Skandinavien, Irlands und einiger Mittelmeerinseln | **Habitat** diverse offene bis bewaldete Gebiete, feuchte Böden, stehende Gewässer, Kulturfolger | **Größe** Männchen bis 90 Millimeter, Weibchen bis 120 Millimeter | **Nahrung** Insekten, Spinnen, Würmer, Schnecken | **Bedrohungsstatus** besonders geschützt nach Bundesnaturschutzgesetz und Bundesartenschutzverordnung | **Merke** Man bremse auch für Kröten!

25 Europäischer Laubfrosch

Der König unter den Wetterfröschen

Wer kennt sie nicht, die Geschichte vom Froschkönig. Vorbild für seine Hoheit war unser kleinster heimischer Frosch: der Europäische Laubfrosch, der je nach Stimmung, Untergrund (glatt: grün, rau: braun) und Temperatur ein sattes, glänzendes Grün oder Beigebraun als Grundfärbung auf der Oberseite trägt.

Unser Laubfrosch ist ein hervorragender Kletterer und dafür mit Haftscheiben an allen vier Fingern und allen fünf Zehen ausgestattet. Damit ist der Frosch sogar in der Lage, an Glasscheiben hochzuklettern. Das Endglied der Finger und Zehen ist beweglich und wird beim Klettern gegen die Unterlage gepresst und ein wenig zurückgezogen. Geringste Mengen Gewebeflüssigkeit sorgen für ausreichend Adhäsion. Schaut man sich die Haftscheiben unter dem Rasterelektronenmikroskop an, so erkennt man, dass die Haftscheibenoberfläche durch pentagonale bis hexagonale Gewebesäulen gebildet wird. Diese Strukturen ermöglichen dem Frosch das Klettern selbst an Glasscheiben. Will er eine Ruhepause auf Blättern eines Baumes einlegen, so wird die gesamte Oberfläche seines feuchten Bauches zusätzlich als Haftfläche genutzt.

Früher wurden Laubfrösche als Wetterpropheten in kleinen Gläsern gehalten. Allerdings folgen die Frösche eher ihrer Lieblingsspeise, nämlich Fluginsekten mit Leichtbauweise, die bei schönem Wetter und entsprechendem Luftdruck meist in oberen Luftschichten fliegen. Der Laubfrosch klettert an Büschen und sogar auf Bäumen hinterher. Bei schlechtem Wetter oder sogar Regen fliegen die Mücken nicht und bleiben lieber unten – ebenso wie die Laubfrösche.

Und jetzt einmal Hand aufs Herz: Wann haben Sie den Europäischen Laubfrosch zuletzt in der Natur gesehen? Leider kämpft unser kleiner König neben Umweltschäden, invasiven tierischen Räubern, eingeschleppten Krankheiten wie dem tödlichen Chytridpilz auch gegen den Verlust und die Veränderung seines Lebensraumes.

Art, Familie *Hyla arborea*, Laubfrösche (Hylidae) | **Vorkommen** West- und Mitteleuropa, Südschweden, über Polen bis in die Ukraine und in den Kaukasus, westlicher Balkan, Griechenland und Kreta | **Habitat** bevorzugt flache Tiefebenen bis Hügelländer, Waldrand, Hecken, temporäre Gewässer, Tümpel | **Größe** 30 – 50 Millimeter | **Nahrung** Insekten, Spinnen | **Bedrohungsstatus** nach Roter Liste nicht gefährdet, Population abnehmend, streng geschützt nach Bundesnaturschutzgesetz | **Merke** Ein heute arbeitsloser König ohne Hofstaat!

26 Färberfrosch

Wunderbar bunt und variabel

Der wohl berühmteste der Baumsteigerfrösche, besser bekannt unter der Bezeichnung Pfeilgiftfrösche, ist der Färberfrosch, hier besonders seine blaue Variante *azureus*. Von dieser nahm man früher an, dass es sich um eine eigene Art handele. Seine Bekanntheit folgt aus seiner großen Verbreitung in heimischen Terrarien und zoologischen Einrichtungen. Neben dieser Variante gibt es aber unzählige weitere, die meist nach ihrer natürlichen Herkunft benannt wurden. Diese große Variabilität in der Färbung macht ihn bei Terrarianern so beliebt.

Eine Besonderheit unter den Fröschen ist das Brutverhalten dieser bunten Vertreter. Die Eiablage erfolgt meist in kleinen Höhlen, etwa unter Wurzeln, und wenn die Kaulquappen geschlüpft sind, trägt der Vater sie auf dem Rücken zu ihrem privaten kleinen Pool. Bei diesem kann es sich zum Beispiel um kleine Pfützchen handeln oder Wasserreservoirs in Blattachseln. Dieses und ähnliche Brutverhalten sind in der ganzen Familie der Baumsteigerfrösche verbreitet, wenn auch unterschiedlich stark ausgeprägt.

Auch der Färberfrosch besitzt, wie viele Verwandte aus seiner Familie, ein Hautgift. Früher dachte man, dass diese Gifte hauptsächlich zur Abwehr von Fressfeinden dienen, aber inzwischen ist davon auszugehen, dass das nur ein angenehmer Nebeneffekt ist. Feinde werden häufig schon durch die auffälligen Farben von einem Angriff abgehalten. Das Gift ist vor allem ein körpereigenes Antibiotikum, welches verhindern soll, dass Pilze und andere Mikroorganismen die Haut befallen oder gar über diese ins Körperinnere eindringen. Bei anderen Verwandten ist das Gift aber deutlich potenter, und sollten Sie mal in einem Krimi lesen, dass nur durch die Berührung des Frosches einer der Protagonisten tödlich vergiftet wird, so ist das ins Reich der Fabeln zu verweisen. Für eine Wirkung muss das Gift auch in den Blutkreislauf gelangen.

Art, Familie *Dendrobates tinctorius*, Baumsteigerfrösche (Dendrobatidae) | **Vorkommen** Norden Brasiliens, Surinam, Guyana, Französisch-Guyana | **Habitat** tropische Tieflandregenwälder | **Größe** bis 60 Millimeter | **Nahrung** Insekten, Spinnentiere | **Bedrohungsstatus** nach Roter Liste nicht gefährdet | **Merke** Die Dosis macht das Gift!

27 Feuersalamander

Schwarz und Gelb sind eine Warnung

Vor zehn Jahren sah ich am Ufer eines Mittelgebirgsbachs meinen letzten Feuersalamander in der Natur und – hatte natürlich den Fotoapparat im Auto gelassen. Denn dieser Salamander ist normalerweise nachtaktiv und nur selten, zum Beispiel nach Regenfällen, tagsüber zu sehen. Daher kommt auch der Beiname Regenmännchen für diesen Lurch. Am Tag hält er sich in Höhlen, zwischen Steinen, unter Totholz und in Schächten auf. Nachts geht er auf die Jagd nach kleinen Wirbellosen. Er ist Deutschlands größter und mit bis zu 50 Gramm auch schwerster Schwanzlurch. Das von der Grundfärbung schwarze, wie gelackt aussehende Tier zeigt meist gelbe, manchmal orange bis rote Fleckmuster. Selten treten Weißlinge (albinotische) oder Gelblinge auf.

Der Name »Feuer«-salamander entstammt wohl einer Schrift von Plinius dem Älteren (Naturalis historia, 10. Buch, Kapitel 86). Er schrieb: »Das Tier ist so kalt, dass es Feuer auslöscht, wenn es dies berührt, wie es auch Eis tut.« In der Alchemie war es ein Elementarwesen des Feuers. Plinius sagte zu seiner Giftigkeit: »Es speit auch eine milchige Substanz aus seinem Maul aus, und welches menschliche Körperteil auch in Kontakt damit gerät, dem fallen sofort alle Haare aus, und er nimmt ein lepröses Aussehen an.« Denn hinter den Augen liegen die paarig angelegten großen Hinterohrdrüsen, und zwei Reihen Hautdrüsen ziehen sich von hier bis zum Körperende. Dort sondert der Salamander ein starkes Hautgift (Steroidalkaloide vom Typ Samandarin) aus. Und tatsächlich wirkt es auf viele Wirbeltiere tödlich, da es Krämpfe erzeugt, die auch zu einer Lähmung der Atemmuskulatur führen können. Ratten vermögen Salamander zu fressen, jedoch verschmähen sie dabei die Haut. Das Gift des Salamanders ist so stark, dass es selbst uns Menschen gefährlich werden könnte. Jedoch müssten wir das Tier dafür roh verzehren – und wer, bitte schön, will das schon?

Art, Familie *Salamandra salamandra*, Echte Salamander (Salamandridae) | **Vorkommen** Mittel- und Südeuropa, Nordgrenze: Nord- und Mitteldeutschland, Südostgrenze: entlang der Karpaten bis in die Ukraine und Rumänien, Südgrenze: Bulgarien, Griechenland, westliche Iberische Halbinsel | **Habitat** feuchte Laubmischwälder der Mittelgebirge mit sauberen, kühlen Quellbächen, Quelltümpeln oder quellwassergespeisten Kleingewässern | **Größe** 140–200 Millimeter | **Nahrung** Schnecken, Tausendfüßer, Asseln, Ohrwürmer, Laufkäfer | **Bedrohungsstatus** besonders geschützt nach Bundesnaturschutzgesetz und Bundesartenschutzverordnung | **Merke** Bitte nicht roh verzehren!

28 Flachkopf-Laubfrosch

Marlene Dietrich bekommt Konkurrenz

Dieser nachtaktive Laubfrosch hat einen bemerkenswert flachen Kopf mit auffälligen großen Augen, die beinahe wie Scheinwerfer wirken. Aus dem Lateinischen übersetzt bedeutet »planus« flach und »ceps« Kopf, ein sehr zutreffender Artname demnach. Die schöne Zeichnung der Iris ist ein wichtiges Bestimmungsmerkmal für diese Art, die zwei anderen nahe verwandten Arten sehr ähnelt. Außerdem hat dieser Frosch grüne Hinterbeinknochen, die durch die Haut durchscheinen und dadurch äußerlich sogar sichtbar sind. Doch nicht genug der Auffälligkeiten, denn die langen Extremitäten sind ebenfalls ein Hingucker! So mancher Broadway-Star wäre neidisch auf diesen Frosch.

Auch wenn der Wissenschaft diese Tierart seit fast 150 Jahren bekannt ist, wissen wir noch relativ wenig über ihre Biologie. Immerhin gehört dieser Laubfrosch zu einer sehr wichtigen Amphibiengattung dieser Region rund um den Amazonas und seine Regenwälder. Die Frösche mit den schlanken Beinen halten sich zumeist hoch in den Bäumen auf, hin und wieder wurden sie aber auch am Boden gefunden. Diese Laubfrösche sind anscheinend besonders an das Leben an und in Bromelien angepasst und pflanzen sich hier fort. Die Eier werden in die Blattachseln der rosettenartig wachsenden Pflanzen gelegt und entwickeln sich hier im aufgefangenen Regenwasser.

Dieser Frosch stößt einen Laut aus, der sich beinahe anhört, als würde er »Hup, hup, hup, hup!« rufen, gefolgt von einem Quieken. Oder so ähnlich. Aber Froschgesang ist auch schwer zu beschreiben. Sexuell aktive Männchen bekommen, was eigentlich typisch ist für viele Vertreter dieser Gattung, während der Paarungszeit meist tuberkelartige Ausstülpungen auf dem Rücken. Daher heißen sie auch »Spiny-Backed Treefrog«, was im Deutschen aber nicht so vorteilhaft klingt. An dem pieksig aussehenden Rücken können jedenfalls Männchen und Weibchen in dieser Zeit unterschieden werden.

Art, Familie *Osteocephalus planiceps,* Laubfrösche (Hylidae) | **Vorkommen** Amazonasgebiet von Ecuador, Kolumbien, Nordost-Peru und im Jaú-Nationalpark in Brasilien | **Habitat** tropischer Regenwald, Amazonasgebiet | **Größe** Männchen bis 57,9 Millimeter, Weibchen bis 68,8 Millimeter | **Nahrung** Grillen, Käfer | **Bedrohungsstatus** nach Roter Liste nicht gefährdet | **Merke** Die Geschlechterunterscheidung gelingt zur Paarungszeit am besten.

29 Froschkönig

Die herrschende Klasse!

Hierbei handelt es sich um eine der interessantesten und am wenigsten erforschten Froscharten, obwohl es gleichzeitig eine der bekanntesten ist! Alle Froschkönige unterscheiden sich sehr im Aussehen, und es gibt kaum zweimal den gleichen, gemein haben sie jedoch den kronenartigen Kopfschmuck. Das macht die systematische Einordnung besonders schwierig, und sie ist höchst umstritten. Es gibt sogar Zoologen, die behaupten, dass der Froschkönig nur eine Erfindung sei! Das ist aber natürlich Unsinn, schließlich handelt es sich nicht um eine Meerjungfrau.

Apropos Frau: Ein weiteres Mysterium dieser Art ist, dass bisher nur männliche Tiere beschrieben wurden. Das könnte daran liegen, dass männliche Tiere echte Kulturfolger sind, deren häufigster Fundort Brunnen sind. Die Weibchen scheinen andere, verstecktere Habitate zu favorisieren. Der bevorzugte Lebensraum der Männchen, der klassische, in den Boden gegrabene Brunnen, wird immer seltener, kommt inzwischen sogar fast gar nicht mehr vor. Funde dieser faszinierenden Tierart sind daher so gut wie ausgeschlossen.

Eine häufig beschriebene, jedoch unerklärliche Todesursache ist die Kollision mit diversen Wänden. Interessanterweise sollen meist Prinzessinnen für solcherart Unfälle verantwortlich sein. Hierbei zieht sich das betroffene Individuum schwere Verletzungen im Bereich des Kopfskeletts und des Gehirns zu, die leider meist tödlich enden. Allerdings wird in diesem Zusammenhang von »Verwandlungen« berichtet. So sollen sich Froschkönige, die frontal mit harten Gegenständen kollidierten, in »Prinzen« verwandelt haben. Legenden von Einheimischen ländlicher Gegenden berichten von ähnlichen Verwandlungen, wenn das Tier geküsst wurde. Beides ist jedoch höchst umstritten, und es existieren keinerlei Belege. Es bleibt zu hoffen, dass diese faszinierende Art nicht ausstirbt, bevor weitere Forschungen durchgeführt werden können!

Art, Familie *Rana rex*, umstritten | **Vorkommen** Kulturfolger, daher weltweite Verbreitung, wenngleich sehr selten | **Habitat** Brunnen | **Größe** unterschiedlich | **Nahrung** unbekannt, wahrscheinlich Fliegen | **Bedrohungsstatus** anscheinend bedroht, sehr seltene Sichtungen, Populationstrend unbekannt | **Merke** Die Krone macht noch keinen König!

30 Geburtshelferkröte

Glockenfrosch mit Hebammentätigkeit

Unter unseren heimischen Lurchen ist diese enorm warzige und relativ kleine Kröte in vielerlei Hinsicht etwas Besonderes. Die Männchen lassen zur Paarungszeit, etwa von März bis August, einen Ruf ertönen, der an das Klingeln kleiner Glöckchen erinnert. Auf diesen interessanten Ruf antworten dann die Weibchen. Dies brachte der Gewöhnlichen Geburtshelferkröte vielerorts den Beinamen Glockenfrosch ein.

Haben sich die Partner gefunden, erfolgt ihre Paarung nicht wie bei heimischen Amphibien üblich im Wasser, sondern außerhalb des nassen Elementes an Land. Das komplizierte Liebesspiel dauert bis zu anderthalb Stunden. Auch die Eier entwickeln sich zunächst nicht im Gewässer, sondern auf dem Hinterleib des Männchens. Genauer gesagt an dessen Hinterbeinen, denn hierum wickelt sich der fürsorgliche Vater die Laichschnüre nach der Besamung. Der Krötenpapa trägt die Eier so bis zu drei Wochen mit sich herum, bis er, alarmiert durch die Bewegungen der Kaulquappen in den Eiern, das nächste Gewässer aufsucht. Nun werden die Kleinen »flügge«, denn bei Berührung mit dem Wasser platzen die Eier auf, und die Kaulquappen schlüpfen. Im Wasser entwickeln sich die Larven ohne weitere Fürsorge der Eltern.

In Deutschland finden sich Geburtshelferkröten nur noch in der Mitte des Landes: im niedersächsischen Weser-Leine-Bergland, im Harz und Harzvorland, im westlichen Sachsen-Anhalt und westlichen Thüringen, in Nord- und Mittelhessen sowie Nordwestbayern, im südlichen Teil Nordrhein-Westfalens, in Rheinland-Pfalz, im Saarland und im südwestlichen Baden-Württemberg. Zwischen der Geburtshelferkröte und jungen Erdkröten besteht häufig Verwechslungsgefahr. Ein ganz deutlicher Unterschied wird jedoch offenbar, wenn man dem Lurch genau ins Auge schaut, denn die Geburtshelferkröte hat eine senkrecht stehende Pupille, wohingegen die der Erdkröten waagerecht verläuft.

Art, Familie *Alytes obstetricans*, Alytidae | **Vorkommen** Südwest- bis Mitteleuropa | **Habitat** offene Landschaft mit Bodenfeuchte und Gewässernähe | **Größe** 31 – 55 Millimeter | **Nahrung** kleine Wirbellose | **Bedrohungsstatus** gefährdet, streng geschützt nach Bundesnaturschutzgesetz | **Merke** Der feine Glockenklang verrät seine Anwesenheit.

31_Geknöpfter Birma-Krokodilmolch

Ein übel schmeckender Molch

Dieser Molch ist dunkel gefärbt und hat eine granulierte Haut, während Schnauze, Beine und Füße sowie auch die Reihen von über den Flanken verlaufenden »Knöpfchen«, der durchgehende Aalstrich, die Hinterohrdrüsen (Parotoiden) und der Schwanz orangebraun gefärbt sind. Die namengebenden »Knöpfchen« werden auch Rippendrüsen genannt. Der Schwanz ist mit einem Schwimmsaum versehen. Aus den Parotoiden und den Rippendrüsen kann ein schlecht riechendes und vor allem schlecht schmeckendes Sekret ausgeschieden werden, was den Molch vor Fressfeinden schützen soll. Durch die Knöpfchenreihen, den flachen, breiten Kopf und den Schwimmschwanz erinnert der hübsche Molch vor allem beim Schwimmen an ein Mini-Krokodil. Das brachte der Gattung den Namen Krokodilmolche (*Tylototriton*) ein. Diese Gattung beinhaltete bis 2009 gerade einmal acht Arten. *Tylototriton verrucosus* wurde aber schon 1871 beschrieben – ein alter Hase also. Bis 2022 ist die Gattung bereits auf 35 Arten angewachsen.

Zur Paarungszeit haben die kleineren Männchen eine halbkugelige Kloake, während sie bei den Weibchen spitz zuläuft. Die Paarungszeit beginnt mit den Monsunregenfällen im März bis Mai, kann sich aber auch bis in den September hineinziehen. Regenwassertümpel von 30 Zentimetern Tiefe sind bevorzugte Laichgewässer, in denen das Paar einen Paarungstanz vollzieht. Das Männchen legt schließlich ein Spermapaket ab. Nun muss es seine Partnerin genau über das Paket dirigieren, das sie dann in ihre Kloake aufnimmt. Wenige Tage später beginnt die Eiablage. 30 bis 100 Eier kann das Weibchen einzeln an Wasserpflanzen ablegen.

In Myanmar wird der Molch oft als Köder zum Fischen genutzt, und in China findet er in der traditionellen Medizin Einsatz.

Art, Familie *Tylototriton verrucosus*, Echte Salamander (Salamandridae) | **Vorkommen** China (Provinz Yunnan), eventuell Myanmar, bis auf 1.500 bis 1.600 Höhenmeter | **Habitat** Wälder, Buschland, Sumpfland, Reisfelder und Gräben | **Größe** 200 Millimeter | **Nahrung** Insekten, niedere Krebse, Regenwürmer, Nacktschnecken | **Bedrohungsstatus** nach Roter Liste gering gefährdet, Population abnehmend | **Merke** Manch ein Molch endet als Produkt traditioneller Medizin.

32_Gelbbauchunke

Gymnastikkünstler mit Herz

Oberseits sieht die mit flachen Warzen und Höckern bedeckte Unke unscheinbar und gut getarnt aus. Biegt sie jedoch in typischer Abwehrmanier ihren Rücken durch und macht ein extremes Hohlkreuz, offenbart sie eine leuchtend gelbe und gemusterte Bauchseite. Die entblößte Unterseite soll Fressfeinde vor dem wenig schmackhaften Hautgift warnen und von dem Genuss der Unke abschrecken. Das Muster ist sogar individuell verschieden. Anhand von Fotos können so einzelne Tiere mittels einer Datenbank erkannt werden. Dies hilft Forschern, Populationen zu beobachten.

Die meist am Tag aktiven Tiere sind gesellig, versammeln sich häufig an der Oberfläche ihres Gewässers und lauern hier am Uferrand auf Beute. Gelbbauchunken sind stark auf das Vorhandensein eines Gewässers angewiesen. Hierbei begnügen sie sich oft schon mit Pfützen, gefluteten Fahrrillen und anderen Kleinstgewässern. Die Weibchen setzen während der Paarungszeit mehrfach kleinere Eiklumpen auf den Boden des Gewässers ab. Falls vorhanden, werden auch Wasserpflanzen zum Anheften der Eier genutzt. So kommen bis zu 300 Eier pro Weibchen zusammen. Die bis zu sieben Millimeter großen Larven schlüpfen nach maximal zehn Tagen. Die Entwicklung zur jungen Unke ist stark von den Wassertemperaturen abhängig und kann bis zu drei Monate dauern.

Problematisch für den Fortbestand der Unken ist die Zerteilung der Lebensräume und somit die Isolierung der Populationen. Naturschutzorganisationen arbeiten daran, diese Lebensräume zu verbinden. Die Gelbbauchunke kann bis in Höhenlagen von 2.000 Metern über dem Meeresspiegel vorkommen. Diese Fähigkeit brachte ihr auch den Namen Bergunke ein – im Gegensatz zu ihrer nahen Verwandten, der Rotbauchunke, die eine reine Flachlandbewohnerin ist. Wenn man dem Lurch des Jahres 2014 genau in die Augen schaut, sieht man die für Unken typische herzförmige Pupille.

Art, Familie *Bombina variegata,* Unken (Bombinatoridae) | **Vorkommen** Süd- und Mitteleuropa | **Habitat** offene Landschaft mit Buschwerk, stets in der Nähe flacher, besonnter Gewässer(-zonen) | **Größe** 35–50 Millimeter | **Nahrung** Insekten, Spinnentiere | **Bedrohungsstatus** gefährdet, streng geschützt nach Bundesnaturschutzgesetz | **Merke** Ein schöner Bauch kann Leben retten!

33 Gelbpunkt-Riedfrosch

Eine gepunktete Schönheit

Im Südosten Madagaskars kann man auf sonnenexponierten großen Blättern kleine Froschjuwelen sitzen sehen: die hier endemischen, nachtaktiven Gelbpunkt-Riedfrösche. Wie schade, dass es diesen Frosch nur so selten in Zoos zu sehen gibt, denn vor allem die Damen sind mit ihren gerade mal 30 bis 33 Millimetern kleine Schönheiten. Zwar zeigt sich die Damenwelt in der gesamten Gattung *Heterixalus* deutlich kontrastreicher und prächtiger gefärbt als die männlichen Artgenossen, aber dies trifft im Besonderen auf Tiere dieser Art zu. Bei beiden Geschlechtern sind die Unterseiten der Hüften, der Extremitäten und der Hände und Füße gelblich bis orangefarben, während der Bauch cremeweiß ist. Die Männchen haben eine verdickte gelbliche Kehlscheibe. In der Sonne – und als Riedfrosch sitzt man gern in der Sonne – ist die Grundfarbe ein helles Weißgrün. Die Weibchen zeigen auf der Oberseite zahlreiche gelbe Punkte. Bei den Männchen ist diese Punktzeichnung nur in Ansätzen zu sehen. Im Schatten verändert der Frosch seine Hautfarbe, er ist jetzt eher tief dunkelgrün bis schwarz mit orangen Punkten. Ein wunderbares Farbspektakel! Die Schattenfärbung sorgt auch für den englischen Namen des Frosches: Starry Night Reed Frog – also Sternennacht-Riedfrosch.

Hochzeit feiern diese hübschen Frösche mitten in der Regenzeit. Heftige Regengüsse bringen die Tiere in Stimmung. Da halten es die Männchen mit Fred Astaire: »I'm singing in the rain …!« Singen allein reicht dem Riedfrosch jedoch nicht. Die verdickte Kehlscheibe war schon früh bei den Tieren aufgefallen und diente als eindeutiges Erkennungsmerkmal der Männchen, aber man wusste lange nicht, welche Aufgabe sie hat. Neuere Untersuchungen zeigten, dass es sich um Drüsengewebe handelt und dass durch das Anschwellen der Schallblase chemische Signale an die Damenwelt ausgesandt werden. Die Damen werden also mit Gesang und Duft betört!

emons:
Entdecken fängt zu Hause an
ANNETT KLINGNER
PASCAL KLUNDER | KATJA ERDMANN
111 DINGE ÜBER KATZEN DIE MAN WISSEN MUSS
HOLGER UND ROLAND GRUMT SUÁREZ
111 DINGE ÜBER AFFEN DIE MAN WISSEN MUSS
PIERRE THOMAS
111 SCHWEIZER WEINE DIE MAN GETRUNKEN HABEN MUSS
SANDRA HONIGS
BEATE PELZER | MARC MESSING
111 AMPHIBIEN DIE TÄGLICH UNSERE WELT VERBESSERN
JENS DREISBACH
111 GINS DIE MAN GETRUNKEN HABEN MUSS
JENS DREISBACH
111 COCKTAILS DIE MAN GETRUNKEN HABEN MUSS
THOMAS FUCHS
111 DEUTSCHE BIERE DIE MAN GETRUNKEN HABEN MUSS
BERND IMGRUND
111 WHISKYS DIE MAN GETRUNKEN HABEN MUSS
CARSTEN HENN
111 DEUTSCHE WEINE DIE MAN GETRUNKEN HABEN MUSS
MARTIN DROSCHKE
111 BIERE AUS ALTBAYERN UND BAYERISCH-SCHWABEN DIE MAN GETRUNKEN HABEN MUSS

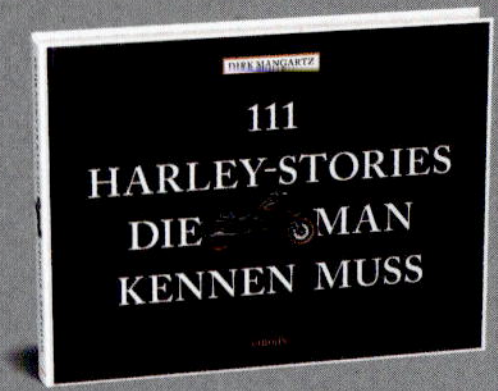

ISBN 978-3-7408-0939-3
€ D 25,00/€ A 25,70

ISBN 978-3-7408-0680-4
€ D 25,00/€ A 25,70

111 MAL ON THE ROAD

ISBN 978-3-95451-912-5
€ D 25,00/€ A 25,70

ISBN 978-3-7408-1442-7
€ D 30,00/€ A 30,90

ISBN 978-3-95451-912-5
€ D 25,00/€ A 25,70

ISBN 978-3-7408-0938-6
€ D 25,00/€ A 25,70

Art, Familie *Heterixalus alboguttatus*, Riedfrösche (Hyperoliidae) | **Vorkommen** Südost-Madagaskar | **Habitat** offene Landschaften, Feuchtgebiete, Reisfelder, temporäre Gewässer auf maximal 800 Metern | **Größe** maximal 33 Millimeter | **Nahrung** Insekten | **Bedrohungsstatus** nach Roter Liste nicht gefährdet | **Merke** Die Hochzeit fällt im wahrsten Sinne des Wortes ins Wasser.

34 Gemeiner Kurzkopffrosch

Klein, aber oho!

Durch seine ulkige Optik ist er ein Hingucker! Ein kugeliger Körper mit sehr kurzem Kopf, der aussieht, als hätte ihn sich der arme Frosch, der zudem noch mürrisch dreinschaut, soeben gestoßen. Der wissenschaftliche Gattungsname beschreibt treffend sein Aussehen, denn *Breviceps* setzt sich aus den lateinischen Wörtern »brevi« für kurz und »ceps« für Kopf zusammen.

Dieser Frosch bevorzugt trockene Gebiete mit Sandböden und lockerer, buschiger Vegetation, und das hat einen Grund: Tagsüber vergräbt er sich bis zu 30 Zentimeter tief im Sand. Allerdings hockt er hier nicht nur rum, sondern bewohnt einen Tunnel, der noch weitere 60 Zentimeter in den feuchten Boden hineinreichen kann. Zum Graben sind seine paddelartigen Füße sehr hilfreich. Erst in der Nacht, besonders gern in Nebelnächten, kriecht der Frosch aus seinem Bau. Allerdings hat er so kurze Arme und Beine, dass er nicht in der Lage ist zu hüpfen, er kann nur laufen. Nach Regenfällen beginnen die Männchen sehr zügig mit ihren etwas piepsigen Rufen, um Weibchen anzulocken. Betrüblicherweise sind die Vorderbeine des Männchens so unsagbar kurz, dass es sich zur Paarung an dem kugeligen Weibchen nicht wirklich festhalten kann. Damit es dennoch mit dem Nachwuchs klappt, produzieren die Partner ein klebriges Sekret, mit dessen Hilfe das Männchen am Weibchen haften bleibt. Gewusst, wie! Das so vereinte Paar gräbt sich zudem noch rückwärts in den Boden ein, und die Eier werden in ein unterirdisches Nest abgelegt. Allerdings schlüpfen keine Kaulquappen, sondern fast fertige kleine Frösche. Ist auch besser so, ganz ohne Wasser, mitten im Sandboden.

Bei Gefahr können sich die kleinen Kerle aufblasen und wirken dann wie ein Ball. Sie erscheinen Angreifern gegenüber imposanter und größer und – wo soll man da noch reinbeißen? Befinden sich die Tiere in ihrer Höhle unter der Erde, bekommt man sie dort außerdem nicht heraus.

Art, Familie *Breviceps adspersus*, Kurzkopffrösche (Brevicipitidae) | **Vorkommen** südliches Südafrika: von Angola im Westen bis Mosambik im Osten | **Habitat** offene Landschaft, Savanne, Buschland, Wüsten | **Größe** Männchen bis 37 Millimeter, Weibchen 49 – 60 Millimeter | **Nahrung** Wirbellose, insbesondere Termiten und Ameisen | **Bedrohungsstatus** nach Roter Liste nicht gefährdet | **Merke** Es bedarf lediglich der richtigen Verteidigungstaktik …

35 Gestreifter Riedfrosch

Schönheit im Schilf

Diese wunderschönen Frösche sind sehr variabel. Es gibt Muster mit Streifen, Punkten und Flecken. Aber auch die Farbgebung hält viele Varietäten bereit, von Beige, Gelb und Pfefferminzgrün über Braun und Dunkelbraun bis hin zu Schwarz. Aber sie alle sehen aus wie gemalt. Die stumpfe, rundliche Schnauze lässt die kleinen Frösche sehr possierlich wirken. Doch wenn die Männchen in der Paarungszeit im Chor zu rufen beginnen – was für ein Getöse! Kaum zu glauben, dass so ein kleiner Kerl einen derartig lauten Ton hervorbringen kann.

Tagsüber genießen sie in den Baumkronen ein Sonnenbad und ruhen sich aus, gegen Abend werden die Frösche aktiv und steigen zum Gewässer hinab. Die Riedfrösche haben kaum Vorlieben für einen bestimmten Gewässertyp und nehmen, was ihnen ihre Umwelt anbietet. Hier beziehen die Männchen ihren angestammten Platz und beginnen mit ihrem Rufkonzert. Als Sitzplatz werden Gräser oder schilfähnliche Pflanzen bevorzugt. Aber als wahre Opportunisten akzeptieren sie das, was da ist. Wichtig jedoch ist Social Distancing. Die männliche Rufkonkurrenz hat bitte strikt Abstand zu halten! Und zwar mindestens 50 Zentimeter. In diesem Abstand hat die Schallintensität eine Stärke von 105 bis 110 Dezibel.

Die Männchen fechten mittels Ringkämpfen das Vorrecht um die besten Rufplätze aus. Dabei halten sie sich mit den Vorderarmen fest und treten sich gegenseitig mit den Hinterbeinen. Weibchen wählen gern solche Männchen zur Paarung aus, die bei ihren Werbungsrufen eine hohe Wiederholungsrate zeigen. Beharrlichkeit zahlt sich eben aus. Ein Weibchen legt zwischen 150 und 650 Eier pro Paarung ins Gewässer ab. Paarungen erfolgen mehrmals im Jahr. Nach rund fünf Tagen schlüpfen die Larven, die sich innerhalb von zwei Monaten zum Jungfrosch entwickeln. Je nach Alter variieren Muster und Färbung. Erst die erwachsenen Tiere zeigen die definierten Muster der jeweiligen Art.

Art, Familie *Hyperolius marmoratus,* Riedfrösche (Hyperoliidae) | **Vorkommen** Afrika: von Süd-Tansania bis zum Kap der Guten Hoffnung | **Habitat** Tiefland-Feuchtgebiete, Ufersaum, Schilfgürtel | **Größe** 25–33 Millimeter | **Nahrung** kleine Wirbellose | **Bedrohungsstatus** nach Roter Liste nicht bedroht | **Merke** Sein Nickname lautet Schilfrohrfrosch.

36 Gladiatorfrosch

Zum Kampf in die Arena: »Morituri te salutant!«

Zunächst mal eine gute Nachricht: Dieser Frosch ist nicht bedroht. So ist das mit den Generalisten, denn sie sind so anpassungsfähig, dass sie sogar, wie in diesem Fall, in kleinsten Baumgruppen zwischen landwirtschaftlichen Flächen überleben, obwohl sie ursprüngliche Regenwaldbewohner sind.

Der martialische Name des Gladiatorfrosches rührt von seinem äußerst aggressiven Umgang mit Artgenossen her. Will sich ein männlicher Gladiatorfrosch paaren, kann er dies nur, wenn er ein adäquates Nest zur Verfügung stellt, denn andernfalls lässt sich das Weibchen nicht auf ihn ein. Dafür gräbt er eine passende Vertiefung in den feuchten Boden, die natürlich mit Wasser gefüllt sein muss. Die Größe dieses Pools variiert stark zwischen 10 und 30 Zentimetern. Wenn das Nest fertig ist, setzt sich der Besitzer in seine Wassergrube und beginnt nach den Weibchen zu rufen.

Nun gibt es aber männliche Gladiatorfrösche, die von solch anstrengender Arbeit etwa so viel halten wie ein menschlicher Teenager von der Schule. Diese Frösche versuchen, sich einfach ein schönes Nest zu erobern. Nähert sich der Dieb einem Nest, ändert der Besitzer zunächst seinen Ruf, um deutlich zu machen, dass der Eindringling unerwünscht ist. Hilft das nicht, schickt er sich an, den Angreifer wegzuschubsen. Reicht auch das nicht, wird es richtig brutal, denn die Kontrahenten versuchen, sich mit einem umgewandelten Finger, dem Prepollex, gegenseitig zu verletzen, und zielen dabei hauptsächlich auf Augen und Trommelfell. Der Kampf kann bis zum Tod eines der Kontrahenten führen, und das passiert nicht selten!

Kommt eine Dame zum Nest, inspiziert sie es zunächst intensiv. In mehr als 50 Prozent der Fälle lehnt sie das Nest ab und zieht weiter. Ist es ihr genehm, massiert sie das Männchen mit ihrem ganzen Körper, und es kommt zur Paarung, bei der das Weibchen bis zu 3.000 Eier legt. Da haben sich die Mühen dann gelohnt.

Art, Familie *Boana rosenbergi*, Laubfrösche (Hylidae) | **Vorkommen** Costa Rica, Ecuador, Kolumbien, Panama, Trinidad und Tobago | **Habitat** tropische Flachlandregenwälder, Sekundärwälder und kleinere Baumgruppen | **Größe** bis 90 Millimeter | **Nahrung** Insekten, Spinnentiere | **Bedrohungsstatus** nach Roter Liste nicht bedroht | **Merke** Kleine und große Kämpfer gibt es in jeder Tiergruppe!

37 Glasfrösche

Frösche mit Schaufenster ins Innere

Diese große Froschfamilie beinhaltet 156 Arten, und die allermeisten Glasfrösche sind oberseits grün gefärbt, grüner geht's fast nicht. Manche haben auf ihrer zart wirkenden lindgrünen bis dunkelgrünen Haut auch noch Punkte, oder sie sind türkis oder hellbraun gefärbt. Allen gemeinsam ist aber, dass sie uns an ihrem Innenleben teilhaben lassen.

Durch ihre transparente Bauchhaut sind wie durch ein Schaufenster ihre Organe zu sehen. Einige Arten sind sogar oberseits durchscheinend. Dass die Tiere jedoch eine so glasklare Einsicht in ihr Inneres gewähren, ist morphologisch gar nicht so leicht umsetzbar und bis heute noch nicht gänzlich erforscht. Denn es reicht nicht aus, eine pigmentlose, durchscheinende Bauchhaut zu haben, auch die transparenten Muskeln, eine klare Körperflüssigkeit und innere Strukturen, die das Licht möglichst wenig streuen, müssen vorhanden sein. Für eine klare Durchsichtigkeit müssen Trübungen im Froschinneren so weit wie möglich reduziert werden.

Auch wenn diese Mechanismen noch nicht erklärbar sind, ist die Teildurchsichtigkeit des Körpers eine neu beschriebene Form der Tarnung und wird seit dem Jahr 2020 »edge diffusion«, also Randdiffusion, genannt. Das funktioniert so: Tagsüber ruhen Glasfrösche auf grünen Blättern. Der leicht durchscheinende Glasfrosch legt in Ruhestellung seine wesentlich durchscheinenderen Beine entlang seines Körpers an. Dadurch verschwimmt der eigentliche Körperumriss, und die Frösche werden als solche von ihren Fressfeinden auf dem Blatt nicht leicht erkannt. Das ist schon sehr gewieft. Und als wäre es nicht genug, äußerlich grün zu sein, beinhaltet ihre Haut ein einzigartiges Pigment, das die gleiche Wellenlänge an Infrarotstrahlung reflektiert wie die Pflanzen. Aber damit noch nicht genug: Viele Glasfrösche haben auch noch grüne Knochen! Sicher ist sicher, man weiß ja nie, wer so reinschaut.

Art, Familie insgesamt 156 Arten, Glasfrösche (Centrolenidae) | **Vorkommen** tropisches Süd- und Mittelamerika (tropische Anden, Sierra Nevada de Santa Marta in Kolumbien, Cordillera de la Costa in Venezuela), Florida und Tobago | **Habitat** tropischer Bergregenwald, Nebelwald, Bäume und Büsche | **Größe** bis 30 Millimeter, *Centrolene geckoideum* als einzige Ausnahme 77 Millimeter | **Nahrung** Insekten | **Bedrohungsstatus** nach Roter Liste 10 Arten von Ausrottung bedroht, 28 stark gefährdet und 21 gefährdet | **Merke** Grün ist nicht gleich grün! Tarnung ist alles.

38 Goldfröschchen

Es ist nicht alles Gold, was glänzt!

Ähnlich wie die bereits ausgestorbene Goldkröte – bitte nicht verwechseln, denn die Tiere sind nicht miteinander verwandt und auch geografisch weit voneinander entfernt – kommt das Goldfröschchen nur in einem winzigen, etwa zehn Quadratkilometer großen Areal vor. Tierarten, die auf dermaßen kleine Verbreitungsgebiete beschränkt sind, sind quasi durchgehend vom Aussterben bedroht. Das liegt daran, dass ein so kleines Stück Wald einfach schnell abgeholzt ist. Die Gründe hierfür sind vielfältig. Wenn Menschen Raum für Landwirtschaft benötigen, Bodenschätze entdeckt werden, Städte oder Dörfer sich vergrößern, müssen Naturräume weichen.

Das gilt auch und besonders für alle Lebensräume auf Madagaskar, da die dort lebende Bevölkerung besonders arm ist. Lebensraumzerstörung ist immer schlimm, aber gerade auf Madagaskar katastrophal. Die mit Abstand meisten hier lebenden Arten, die Literatur spricht von 85 bis 90 Prozent, gibt es ausschließlich hier. Goldfröschchen sind tagaktiv und bodenlebend, und man findet sie häufig an sonnenexponierten Stellen auf feuchtem Boden. Interessanterweise besitzt das Goldfröschchen neben diversen anderen Hautgiften auch Pumiliotoxine, die zum Beispiel auch beim Erdbeerfröschchen *Oophaga pumilio* aus Südamerika vorkommen und über die Nahrung aufgenommen und synthetisiert werden.

Die auffällige Färbung ist in diesem Fall aposemantisch, also eine Warnfarbe, um räuberischen Arten schon im Voraus klarzumachen, dass man giftig ist und sicherlich auch furchtbar schmeckt. Auch das Goldfröschchen legt seine nur etwa 1,5 bis 2 Millimeter großen Eier nicht ins Wasser, sondern außerhalb davon in einer feuchten Laubschicht ab. Nachdem sich die fertig entwickelten Kaulquappen aus der Eihülle befreit haben, sind sie darauf angewiesen, von heftigem Regen in kleine Pools gespült zu werden, in denen die weitere Entwicklung stattfindet.

Art, Familie *Mantella aurantiaca*, Madagaskarfrösche (Mantellidae) | **Vorkommen** nahe Andasibe auf Madagaskar | **Habitat** auf dem feuchten bis sumpfigen Boden von Pandanuswäldern | **Größe** bis 31 Millimeter | **Nahrung** Insekten, Spinnentiere | **Bedrohungsstatus** nach Roter Liste stark gefährdet, Population abnehmend | **Merke** Es ist zwar nicht alles Gold, was glänzt, aber dieser Frosch ist eh viel schöner als Gold!

39__Goldkröte

Leider schon weg …

Auch die traurigen Geschichten können wir dem geneigten Leser nicht gänzlich ersparen. Die Goldkröte ist sozusagen das »Musterbeispiel« der Bedrohung der Amphibien. Die als »amphibian decline« bezeichnete Krise erkannte die Wissenschaft in den 80er Jahren des 20. Jahrhunderts. Anfänglich mit Skepsis betrachtet, ist es inzwischen wissenschaftlicher Konsens, dass die Bedrohung der derzeit 8.445 bekannten Arten (Stand März 2022) ein überdurchschnittliches Maß erreicht hat. Von diesen gelten 147 Arten als ausgestorben, fast 673 weitere gelten als »critically endangered«, von Ausrottung bedroht. Dabei ist bei mehr als einem Drittel der Arten die Datenlage so schlecht, dass man ihren Bedrohungsstatus nicht einmal einschätzen kann.

Wegen ihrer Schönheit und ihrer Geschichte muss die Goldkröte hier oft als Beispiel herhalten. Sie wurde 1966 entdeckt, und es stellte sich heraus, dass sie nur in einem weniger als zehn Quadratkilometer großen Gebiet nördlich der Stadt Monteverde in Costa Rica vorkam. Der Lebensraum blieb weitgehend intakt, doch trotzdem wurde nach ihrer Entdeckung ein stetiger Rückgang beobachtet. Auf die verschiedenen Hypothesen zum Aussterben der Goldkröte kann an dieser Stelle nicht weiter eingegangen werden. Es bleibt jedoch festzuhalten, dass sie alle mit menschlichen Eingriffen in Zusammenhang stehen. 1989 wurde das letzte Männchen gesehen, seither galt die Art als verschollen und seit 2004 als ausgerottet, obwohl größere Suchaktionen gestartet wurden, die letzte noch 2010.

Aber auch insgesamt betrachtet sieht es derzeit nicht gut aus. Im Vergleich zur Hintergrundsterberate, dem natürlichen Aussterben von Tierarten über bestimmte Zeiträume, die bei einer bis zehn Arten pro Jahr liegt, ist die derzeitige Massenaussterberate mindestens 1.000-fach, vielleicht 10.000-fach höher. Es sterben also mindestens drei Tierarten am Tag aus.

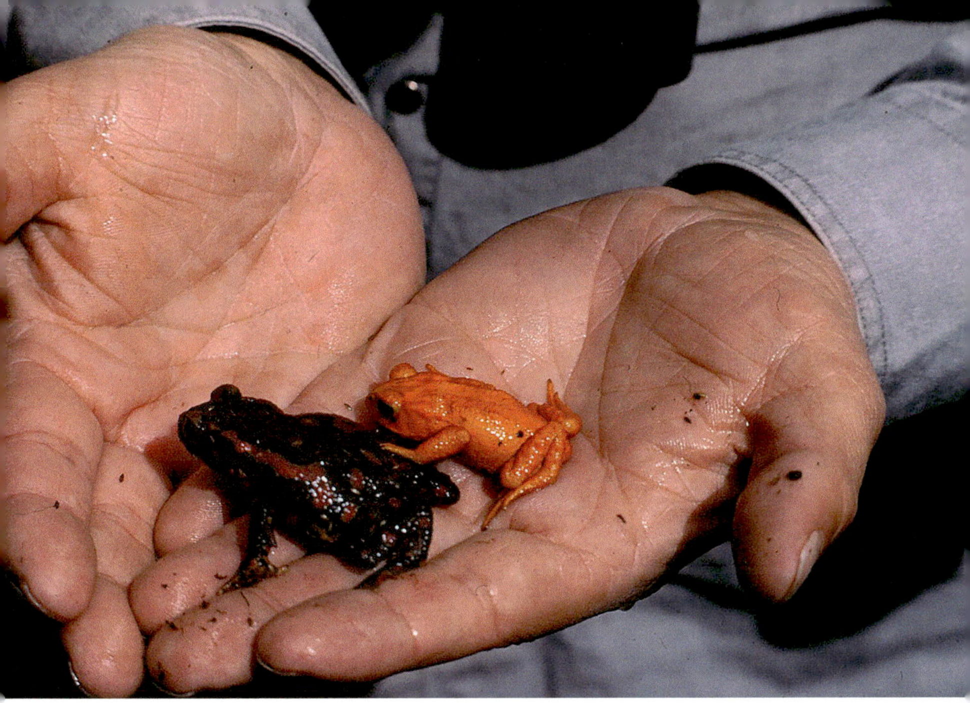

Art, Familie *Incilius periglenes*, Kröten (Bufonidae) | **Vorkommen** keine mehr, einst Zentral-Costa-Rica | **Habitat** tropische Bergnebelwälder | **Größe** bis 60 Millimeter | **Nahrung** Insekten, Spinnentiere | **Bedrohungsstatus** nach Roter Liste Exitus | **Merke** Ausgestorben bedeutet: für immer!

40__Grasfrosch

Der frühe Vogel … äh, Frosch!

Die drei Braunfroscharten sind für den Laien nicht immer leicht zu unterscheiden, und die Details (Fersenhöcker-, Drüsenwulstunterschiede, Fersenprobe) mögen dem Leser hier erspart bleiben. Dass sie ebenso variabel gefärbt und gezeichnet sind wie der Spring- und der Moorfrosch, macht die Sache auch nicht einfacher.

Der Grasfrosch ist ein Generalist, der in Deutschland fast überall anzutreffen ist, von den Alpen im Süden über die Mittelgebirge bis in die Norddeutsche Tiefebene und an die Küsten. Das Spektrum der Laichgewässer zeigt dementsprechend eine große Variabilität von mindestens 50 verschiedenen Gewässertypen. Wussten Sie überhaupt, dass es so viele verschiedene Gewässertypen gibt? Nur in Heide-, Moor- und Brackgewässern mit ihren extremen Wasserwerten wird er äußerst selten gefunden. Ebenso weit gestreut ist das Spektrum der Landhabitate, und Gemeinsamkeiten der Gebiete sind nur bei genauer Betrachtung zu erkennen. Von offenen Agrarflächen bis zu geschlossenen Baumbeständen ist der Grasfrosch immer dort anzutreffen, wo krautiger, dichter Bodenbewuchs als Deckung zu finden ist.

Apropos Agrarflächen: Dort fühlt er sich heute weniger wohl als noch am Ende des 19. Jahrhunderts. Die Intensivierung der Landwirtschaft im Laufe des 20. Jahrhunderts, unter anderem mit starkem Eintrag von Düngern und Pestiziden und tieferem Pflügen, hat dem Grasfrosch offensichtlich nicht gefallen. Nichtsdestotrotz bleibt er zum Glück häufig. Grasfrösche gehören neben den Springfröschen und den Erdkröten zu den kälteresistenten Arten unter unseren heimischen Amphibien und sind bei guten mikroklimatischen Bedingungen bereits Ende Januar aktiv. Liegen die Temperaturen einige Tage lang nachts über dem Gefrierpunkt und tagsüber zwischen fünf und zehn Grad Celsius, finden sogar bereits im Februar Paarungen statt. Der frühe Frosch belegt halt die besten Laichgewässer!

Art, Familie *Rana temporaria*, Echte Frösche (Ranidae) | **Vorkommen** nahezu ganz Europa bis ans Nordkap, nur nicht im mediterranen Bereich | **Habitat** sehr vielfältige Habitate, anpassungsfähig | **Größe** bis 110 Millimeter | **Nahrung** Insekten, Spinnentiere | **Bedrohungsstatus** besonders geschützt nach Bundesnaturschutzgesetz und Bundesartenschutzverordnung | **Merke** Ein echter Allrounder in Europa!

41 Grottenolm

Wundersamer Darkroom-Liebhaber

Nur wenige vierfüßige Landwirbeltiere leben dauerhaft in Höhlen. Dies schaffen nur ein paar Salamanderverwandte, darunter Lungenlose Salamander und Olme, zu denen auch der Grottenolm gehört. In Europa halten sich als einzige Wirbeltiere nur eine Höhlenschmerle und der Olm dauerhaft in Höhlen auf. Wie auch andere Tiere, die in konstanter Dunkelheit leben, hat der Grottenolm eine pigmentlose Haut und degenerierte Augen. Die wichtigsten Sinne für die eigentümlichen Lurche sind der Strömungssinn, ihr Geruchssinn und die Elektrorezeptoren. Außerdem nutzen sie das Erdmagnetfeld zur Orientierung.

Grundsätzlich lebt der Olm dauerhaft am Existenzminimum. Schon was die Nahrung angeht, die lediglich aus wenigen Krebsarten besteht. Der Grottenolm kann lange Phasen des Hungerns aushalten, indem er seinen Stoffwechsel massiv drosselt. Wundersam ist auch, dass der relativ kleine Höhlenbewohner eine Lebenserwartung von mehr als 100 Jahren vorweisen kann. Im Tierreich erreichen normalerweise nur große Tiere ein hohes Alter. Im Durchschnitt wird der Olm immerhin 68,5 Jahre alt und ist damit eine Ausnahme. Die Geschlechtsreife erlangen die blassen Lurche mit 11 (Männchen) und 15 Jahren (Weibchen), und alle 12,5 Jahre legen sie Eier ab. Dabei bleiben sie selbst stets im Larvenstadium mit äußeren Kiemen, dies wird Neotenie genannt.

Leibhaftig können Sie den Grottenolm sogar in einer Höhle in Deutschland besuchen, nämlich in der Hermannshöhle im Harz. Hier wurden 1932 und 1957 Tiere ausgesetzt. Seither werden die skurrilen Höhlenbewohner im Olmensee gehegt und gepflegt und sind die Stars der Rübeländer Tropfsteinhöhlen am Brocken. Auch in Frankreich wurde bereits 1952 eine Population in der Höhle von Moulis, Saint-Girons, in den französischen Pyrenäen angesiedelt und sehr erfolgreich durch das Nationale Zentrum für wissenschaftliche Forschung (CNRS) zur Zucht gebracht und erforscht.

Art, Familie *Proteus anguinus,* Olmartige (Proteidae) | **Vorkommen** Norditalien (ab Triest), Slowenien, Kroatien, Bosnien und Herzegowina, Montenegro | **Habitat** Höhlengewässer, in klarem, nährstoffreichem, kaltem Wasser bis 15 Grad Celsius | **Größe** 25–30 Zentimeter | **Nahrung** Kleinkrebse | **Bedrohungsstatus** nach Roter Liste gefährdet, Population abnehmend, durch jeweils lokale Behörden geschützt | **Merke** Eine eintönige Umgebung bringt oft einzigartige morphologische und physiologische Anpassungen hervor!

42 Grüner Glanzaugenfrosch

Schau mir in die Augen, Kleines!

Die großen bunten Augen und das lächelnde Gesicht erinnern auf den ersten Blick an den Rotaugenlaubfrosch. Es besteht aber keine Verwandtschaft zwischen den beiden, und es liegen Tausende Kilometer zwischen ihren Lebensräumen. Die Madagaskarfrösche, zu denen der Grüne Glanzaugenfrosch gehört, sind ausschließlich auf Madagaskar und den Nachbarinseln Mayottes beheimatet.

Und natürlich unterscheiden sich die Augen in der Färbung. Die innere Iris rund um die Pupille ist bräunlich, der äußere Teil leuchtend blau gefärbt, wobei Variationen auftreten. Die zum Teil blau gefärbte Iris gibt es in der Gattung *Boophis* dabei häufiger, vor allem in der sogenannten »*rappiodes*«-Gruppe, aber auch darüber hinaus. Die Paarung des Grünen Glanzfrosches findet in kleineren und größeren Fließgewässern statt, zu denen die Männchen die Damen mit ihren Rufen locken. Hierfür suchen die Herren erhöhte Punkte in gewässernaher Vegetation auf. Dabei gibt es einen Unterschied, denn wenn das Wetter feucht bis nass ist, klettern die Männchen etwa zwei Meter hoch, bei trockenem Wetter erreichen sie Höhen von etwa fünf Metern. Die Paarung selbst findet dann im Wasser statt. Dafür darf es nicht zu schnell fließen. Dass bis zu 160 Eier pro Paarung abgelegt werden, hört sich zunächst nach viel an, aber es gibt Frösche, sogenannte Explosionslaicher, die locker 3.000 Eier oder mehr legen.

Durch die weite Verbreitung im östlichen Regenwaldband Madagaskars scheint die Art bisher nicht bedroht zu sein. Jedoch ist zu erwarten, dass der Grüne Glanzaugenfrosch von fortschreitender Abholzung und dem allgemein zu beobachtenden Rückgang von Amphibienpopulationen betroffen sein wird. Interessanterweise wurden zwar Exemplare der Art positiv auf den Pilz *Batrachochytrium dendrobatidis* getestet, dieser scheint aber – anders als bei den meisten Arten auf Madagaskar – keinen tödlichen Effekt zu haben.

Art, Familie *Boophis viridis,* Madagaskarfrösche (Mantellidae) | **Vorkommen** Ost-Madagaskar, großes Gebiet von Nord nach Süd | **Habitat** primäre und sekundäre Regenwälder, 350 – 1.100 Höhenmeter | **Größe** bis 35 Millimeter | **Nahrung** Insekten, Spinnentiere | **Bedrohungsstatus** nach Roter Liste nicht bedroht, Population abnehmend | **Merke** Nicht nur rote Augen sehen toll aus!

43_Grüner Waldsteigerfrosch

Namensverwirrung für ein Juwel

Das ist die Krux mit den deutschen Namen für Tiere, oft gibt es je nach Region mehrere Namen für ein und dieselbe Art. So auch hier, denn neben Grüner Waldsteigerfrosch heißt er auch Juwelenlaubfrosch, Tansanischer Laubfrosch oder Blaufuß-Waldsteigerfrosch. Schuld daran ist, dass der Frosch ein völlig anderes Jugendkleid trägt, und die Damen sehen einer Froschart aus derselben Gattung (*Leptopelis flavomaculatus*) zum Verwechseln ähnlich. Grün sind hier zunächst nur die Jungtiere. Dies ist Phase A. Sie sind auf der Oberseite kräftig grün, durchzogen von wurmartigen schwarzen Linien. Die Flanken sind schwarz-weiß marmoriert. Die Beine und Füße haben ein Streifenmuster in Schwarz-Blau-Weiß (daher Blaufuß-Waldsteigerfrosch). Nach etwa einem Jahr wechselt der Frosch seine Farbe auf der Oberseite zu einem Braun oder Braungrün mit einer unregelmäßigen keilförmigen dunkelbraunen Zeichnung auf dem Rücken, deren Spitze auf den Kopf zuläuft. Die Flanken sind stark marmoriert. Das ist Phase B. Nicht alle Tiere gehen zu ihr über, einige Männchen bleiben leuchtend grün.

Der Lebensraum dieser hübschen, relativ großen Frösche ist merkwürdigerweise nicht nur ein zusammenhängendes Gebiet, sondern daneben existieren weitere isolierte Populationen in entfernteren Regionen. Das gesamte Verbreitungsgebiet beträgt 2.000 Quadratkilometer im Tansanischen Bergregenwald. Die Lurche sind endemisch, kommen also nur hier vor. Sie sind nachtaktiv und sitzen tagsüber meist versteckt unter großen Blättern. Während heftiger Regenfälle kommt es zur Paarung. Das Weibchen vergräbt die befruchteten Eier im Boden in unmittelbarer Nähe zu Wasserstellen, in die sich die Kaulquappen nach dem Schlupf hineinschlängeln. Hier durchlaufen sie die Metamorphose von der Kaulquappe zum schillernden Juwelenlaubfrosch oder zum Grünen Waldsteigerfrosch oder … suchen Sie sich was aus!

Art, Familie *Leptopelis vermiculatus*, Langfingerfrösche (Arthroleptidae) | **Vorkommen** Ost- und Süd-Tansania | **Habitat** tropische Regenwälder in submontaner Zone, 900–1.800 Höhenmeter | **Größe** 40–85 Millimeter | **Nahrung** Insekten, Spinnen | **Bedrohungsstatus** nach Roter Liste stark gefährdet | **Merke** In Tansania sitzen die Juwelen auf den Bäumen.

44 Grünes Buntfröschchen

Ein würdiger Vertreter der Madagaskarfrösche

Wie häufig in der Froschwelt ist auch beim Grünen Buntfröschchen der Herr deutlich kleiner und schlanker als die Dame. Die Färbung hingegen ist bei beiden gleich. Während Rücken und Flanken sowie die Oberseiten der Arme und Beine von Hellgrün bis Oliv variieren und ein schwarzes Maskenband von der Schnauzenspitze seitlich über den Kopf zum unteren Flankenrand nach hinten verläuft, zeigt sich erst auf der Bauchseite, warum der Frosch den Namen Buntfrosch verdient. Dreht man ihn auf die Bauchseite, sieht man einen schwarzen Bauch mit blau-grüner Zeichnung. Schaut man dem Tier tief in die Augen, so erkennt man, dass sich der obere Teil der Iris goldgelb gegen den schwarzen Rest absetzt.

Der Buntfrosch ist nur im äußersten Norden Madagaskars in der Montagne des Français anzutreffen. Zwar lebt er oft in der Nähe von temporären kleinen Bächen, jedoch nutzt er diese nicht für die Aufzucht der Jungen. Hierfür sucht das Weibchen eine kleine, feuchtnasse Bodensenke unter dem Laub oder kleine, mit Wasser angefüllte Höhlungen auf, um hier zwischen 15 und 60 Eier abzulegen. Die etwa 2,2 Millimeter großen Eier sind gelblich grün. Und bereits zwei Tage nach der Eiablage schlüpfen die Larven aus.

Der an sich schon kleine Lebensraum der Grünen Buntfröschchen wird durch Abholzung und Straßenbau und die daraus resultierende Zerteilung der Habitate immer mehr zerstört. Dadurch wird der Bestand der Mantellen gefährdet. Um diese Art besser schützen zu können, hat die Universität von Mahajanga mit der Stiftung Artenschutz, unterstützt vom Amphibienfonds des deutschsprachigen Zooverbandes, ein Projekt ins Leben gerufen, das zunächst alle Lebensraumparameter erfassen soll. Daraus wird die Grundlage für eine erfolgreiche Erhaltungszucht entnommen. Die Hauptbedrohungen im natürlichen Lebensraum sollen erkannt und, wenn möglich, beseitigt werden.

Art, Familie *Mantella viridis*, Madagaskarfrösche (Mantellidae) | **Vorkommen** Nord-Madagaskar, Montagne des Français | **Habitat** Laubschicht in Trockenwäldern, Karstlandschaften bis auf 1.000 Höhenmeter | **Größe** 22–30 Millimeter | **Nahrung** kleine Insekten, andere Wirbellose bis 4 Millimeter Länge | **Bedrohungsstatus** nach Roter Liste stark gefährdet, Populationstrend abnehmend | **Merke** Nicht nur ein Rücken kann entzücken, ein schöner Bauch tut es auch!

45 Grünes Marmorkrötchen

Süßer Knubbel in Marmoroptik

Die Gattung des nur wenige Zentimeter großen Grünen Marmorkrötchens umfasst lediglich zehn Arten. Beide, Gattung und Marmorkrötchen, wurden bereits 1882 von dem britischen Zoologen Dr. George Albert Boulenger wissenschaftlich dokumentiert. Dabei war das Marmorkrötchen nur eine von über 550 Amphibienarten neben über 870 Reptilien- und über 1.000 Fischarten, die der bedeutende Zoologe zeitlebens beschrieb.

Heimat dieses kleinen Frosches mit der Stupsnase ist die Megainsel Madagaskar, ein Hotspot der biologischen Vielfalt. Erstaunlich ist aber, dass Boulenger die nachtaktiven Tiere überhaupt entdeckte, da sie sich tagsüber im Boden vergraben, unter Moos oder im Laub verstecken und überhaupt perfekt getarnt sind. Die grüne Färbung ist durch braune Sprenkel unterbrochen. Optimiert wird die Tarnung durch eine unebene, stark granulierte Oberfläche, sodass auch der Körperumriss verwischt. Gut getarnt zeigt der kleine Frosch, wie es durch Anpassung gelingt, im Regenwald zu überleben.

In der Nacht wird die knubbelige Stupsnase aktiv und geht ihrer Beschäftigung nach: Jagen und Fressen gehören sicher dazu. Aber viel weiß die Wissenschaft noch nicht über das Grüne Marmorkrötchen. Seine versteckte Lebensweise macht es den Forschern nicht leicht, es kennenzulernen. Zu Beginn der Regenzeit werden bis zu einen Millimeter große dunkel gefärbte Eier im Wasser abgelegt. Die winzigen, fast durchsichtigen Kaulquappen benötigen bis zu vier Wochen, um die Metamorphose zu erreichen und sich zum fertigen Frosch zu entwickeln. Erkenntnisse, die zumeist aus der Haltung der Tiere in menschlicher Obhut gewonnen werden konnten. Aus der Natur ist bekannt, dass das Grüne Marmorkrötchen offene Flächen eher meidet und den dicht bewachsenen Regenwald mit großen temporären Gewässern als Lebensraum bevorzugt. Dieser einzigartige Wald schwindet zugunsten landwirtschaftlicher Flächen jedoch rapide.

Art, Familie *Scaphiophryne marmorata,* Engmaulfrösche (Microphylidae) | **Vorkommen** Madagaskar | **Habitat** Regenwald mit temporären Gewässern | **Größe** Männchen bis 30 Millimeter, Weibchen bis 44 Millimeter | **Nahrung** kleine Wirbellose | **Bedrohungsstatus** nach Roter Liste gefährdet, Population abnehmend | **Merke** Ein Tarnkünstler am Tag und in der Nacht.

46 Harlekin-Baumsteiger

Der größte unter den Eierfressern

Der Harlekin-Baumsteiger präsentiert uns je nach Herkunft ein anderes, stets sensationelles Erscheinungsbild. Die Grundfärbung kann braun bis schwarz sein mit einem gelben oder roten Punkt- oder Fleckmuster. Dazu können Kopf und Nacken mehr oder weniger stark rot bis orange unterlegt sein. Die Flecken auf der Bauchseite sind deutlich größer als die auf dem Rücken. Als Baumsteiger braucht der Frosch keine Schwimmhäute zwischen Fingern und Zehen. Er ist ein guter Kletterer und hält sich gern zwischen den Blättern von Bäumen auf, versteckt sich in Ruhephasen am Boden unter Baumstämmen, Blättern und Streu. Seinen Namen hat der Frosch wegen seines bunten Erscheinungsbilds erhalten; der wissenschaftliche Artname *histrionica* ist von dem lateinischen Namen »histrio« für Schauspieler abgeleitet.

Der Harlekin-Baumsteiger nimmt sein Hautgift über seine Nahrung auf. Es enthält lipophile Alkaloide, die der Frosch nicht selbst herstellen kann. Es sind hauptsächlich Ameisen und Milben, die die Alkaloide liefern. Spezielle Proteine (Saxiphilin) werden in der Leber der Tiere freigesetzt, um die über die Nahrung aufgenommenen Alkaloide vom Darm in die Haut zu transportieren.

Zur Paarung lockt das Männchen das Weibchen durch Rufen. Folgt das Weibchen, so sucht das Männchen eine feuchte Stelle aus, auf die es sein Sperma gibt, und fordert das Weibchen auf, die Eier auf das Sperma zu legen. Das Männchen bewacht die Eier. Schlüpfen die Larven, so ist es Sache der Damen, den Nachwuchs huckepack in wassergefüllte Bromelien zu transportieren. Sie füttern die Larven auch mit Nähreiern (Abortiveiern). Über die Nähreier werden chemische Abwehrstoffe (Alkaloide) an die Kaulquappen übertragen, die den Hautgiftalkaloiden der Erwachsenen gleichen. So werden die Kaulquappen für viele Fressfeinde ungenießbar. Die Larven brauchen vom Schlupf zweieinhalb bis drei Monate bis zur Metamorphose.

Art, Familie *Oophaga histrionica*, Baumsteigerfrösche (Dendrobatidae) | **Vorkommen** nordwestliches Kolumbien: Santa Cecilia, Departement Risaralda | **Habitat** küstennahe Tieflandregenwälder, Ausläufer der Bergregenwälder zwischen 300 und 730 Höhenmetern | **Größe** 36 – 42 Millimeter | **Nahrung** Milben, Ameisen und andere kleine Insekten | **Bedrohungsstatus** nach Roter Liste kritisch von Ausrottung bedroht, Populationstrend abnehmend | **Merke** Mama gibt ihr Gift an die Kinder weiter!

47 Hellbender

Der größte Lurch Amerikas

Der Hellbender oder Schlammteufel ist die kleinste der drei Arten der Riesensalamander und die einzige auf dem amerikanischen Kontinent, denn die beiden großen Brüder leben in China und Japan. Heute unterscheidet man zwei Unterarten: die Nominatform *Cryptobranchus alleganiensis alleganiensis* oder »östlicher Hellbender« sowie *Cryptobranchus alleganiensis bishopi* oder »Ozark-Hellbender«. Dieser Lurch zeigt einige Besonderheiten: Wie die großen Verwandten in Asien ist auch der Hellbender durch seinen flachen Körperbau und den breiten Kopf an das Leben am Boden von Fließgewässern angepasst. Die dicken Hautfalten entlang der Flanken erlauben ausgeprägte Hautatmung, obwohl eine Lunge vorhanden ist. Im Gegensatz zu den asiatischen Lurchen findet man beim Hellbender je eine Kiemenspalte. Er besitzt als aquatisch lebendes Tier ein Seitenlinienorgan, das sich vom Kopf her über die Flanken zieht. Mittels dieses auf Druckwellen reagierenden Kanalsystems kann der Lurch sich von seiner Umgebung ein dreidimensionales Bild erstellen. Er lebt territorial und verteidigt erbittert sein Revier gegen Eindringlinge.

Da der Lurch 20 bis 30 Jahre alt werden kann, wird er erst mit 5 bis 8 Jahren geschlechtsreif. Zur Paarungszeit im Spätsommer senden die Tiere chemische Signale aus, um sich zu finden. Das Männchen muss das Weibchen mit einer unter einem Felsbrocken angelegten Nistgrube überzeugen. Es setzt ein Spermapaket ab, das das Weibchen mit der Kloake aufnimmt. Dieses legt anschließend 200 bis 550 Eier ab. Manch eine Nistmulde erscheint so attraktiv, dass gleich mehrere Damen hier ablaichen, und so kann eine Mulde auch mal über 2.000 Eier beherbergen. Liebevoll bewacht das Männchen die Eier und fächert mit seinem Schwanz sauerstoffreiches Wasser heran. Nach zwei bis drei Monaten schlüpfen die Kaulquappen, die circa eineinhalb bis zwei Jahre bis zur vollständigen Metamorphose brauchen.

Art, Familie *Cryptobranchus alleganiensis*, Riesensalamander (Cryptobranchidae) | **Vorkommen** Nordamerika; *Cryptobranchus alleganiensis alleganiensis* : New York, Missouri und Georgia; *Cryptobranchus alleganiensis bishopi* : Ozark-Plateau in Süd-Missouri und Nordost-Arkansas | **Habitat** kalte Fließgewässer (9–22,5 Grad Celsius) mit steinigem Grund | **Größe** *Cryptobranchus alleganiensis alleganiensis* : 450–600 Millimeter, *Cryptobranchus alleganiensis bishopi*: 290–570 Millimeter | **Nahrung** Flusskrebse, Neunaugen, kleine Fische, Insekten, Würmer, Schnecken, Aas, Kaulquappen, Fischlaich, auch kannibalistisch | **Bedrohungsstatus** nach Roter Liste gering gefährdet, Population abnehmend | **Merke** Ein Methusalem unter den Lurchen.

48 Hieroglyphen-Riedfrosch

Vom unscheinbaren Fröschlein zum Farbwunder

Die Gattung der Riedfrösche umfasst bis heute 145 uns bekannte Arten auf dem afrikanischen Kontinent und auf Madagaskar. Eine der farbenprächtigsten unter ihnen ist der Hieroglyphen-Riedfrosch, wobei man das noch ein wenig spezifizieren muss. Mit dem Hieroglyphen-Riedfrosch ist es etwas kompliziert. Hier gibt es zwei Farbphasen und zusätzlich noch verschiedene Farbmorphen. Während die Farbphasen im Laufe des individuellen Lebens eines Tieres nacheinander auftreten und sich verändern können, sind Farbmorphen konstant. Generell spricht man nach der Metamorphose von der Farbphase »J«, wobei J für juvenil, also jugendlich, steht. In dieser Phase ist die Oberseite grün, und von den Nasenlöchern her zieht sich über die Augen seitlich an den Flanken entlang ein schmaler grünlich gelber Streifen. Der Bauch ist gelb und die Unterseite der Extremitäten grünlich gelb. Die Finger und Zehen zeigen aber jetzt schon ein schönes Rot. Die meisten Männchen behalten auch im fruchtbaren Zustand die Farbgebung bei. Die Umwandlung in Phase »F« (für fertil, also geschlechtsreif) ist rein farblich gesehen dramatisch! Die Oberseite erhält einen schwarzen Grundton, aufgelockert von sich schlängelnden roten und gelben Mustern. Der Bauch ist orange. Eine Farbmorphe wird zum Teil als Unterart gehandelt: *Hyperolius riggenbachi hieroglyphicus*. Diese zeigt auf schwarzem Grund gelbe oder auf gelbem Grund sich schlängelnde schwarze Muster. Der Bauch ist leuchtend orange bis rot. Die Unterseiten der Hände und Füße sind leuchtend rot. Die Männchen rufen mit einer kehlständigen Schallblase.

Männchen und Weibchen der Gattung *Hyperolius* zeigen häufig einen Farbunterschied, den man sexuellen Dichromatismus nennt. Daher nehmen die Riedfrösche eine wichtige Stellung in der Erforschung der Rolle der natürlichen und sexuellen Selektion in der Evolution des sexuellen Dichromatismus ein.

Art, Familie *Hyperolius riggenbachi*, Riedfrösche (Hyperoliidae) | **Vorkommen** östliches Nigeria, westliches und zentrales Kamerun | **Habitat** Wälder, Grasland und Feuchtgebiete, 900–1.800 Höhenmeter | **Größe** 27–40 Millimeter | **Nahrung** Insekten, Spinnen | **Bedrohungsstatus** nach Roter Liste nicht gefährdet, Population abnehmend | **Merke** Nach der Metamorphose gibt es eine Farbexplosion!

49 Hoogmoeds Harlekinkröte

Eine unter vielen

Diese kleine Kröte mit glatter Haut ist äußerlich nicht als solche zu erkennen, würde man doch zumindest auf dem Rücken eine warzige, stark verhornte Haut erwarten. Doch es kommt auf die inneren Werte an. Wie es sich für eine Kröte gehört, findet man bei den Herren das sogenannte Biddersche Organ, einen rudimentären Eierstock, und den haben ausschließlich Kröten. Würde man dem Männchen die Hoden entfernen, so würde das Biddersche Organ sich wieder zu einem funktionstüchtigen Eierstock entwickeln.

Die Harlekinkröte gehört zur Gattung der Stummelfußkröten, die ihren Namen durch zurückgebildete Zehen erhalten haben. Je nach Wissenschaftler wird die Artenzahl der Stummelfußkröten mit 99 bis 113 Arten angegeben, sie sind damit die artenreichste Gattung innerhalb der Kröten. Ihr Verbreitungsgebiet reicht von Costa Rica im Norden bis nach Bolivien im Süden und östlich über Amazonien bis nach Guyana. Leider sind viele dieser Arten seit Jahren nicht mehr gesichtet worden, und diese Gattung ist die gefährdetste Amphibiengruppe der Welt.

Unser kleiner Harlekin gehört zu der am weitesten verbreiteten Art in verschiedenen Farbmorphen. Es gibt ihn mit lila oder gelbem Farbmuster auf braunschwarzem Grund. Das Männchen hält sich in der Regel in der Nähe der Fließgewässer auf und verteidigt sein Revier. Das Weibchen lebt tiefer im Wald, und nur zur Paarung kommt es an den Bach. Jetzt werden – wie es sich für Kröten gehört – Laichschnüre an Steinen in einer etwas ruhigeren Wasserzone des Fließgewässers abgelegt. Der Laich ist weiß, und nach elf Tagen schlüpfen helle, nur wenig pigmentierte Larven. Die Kaulquappen sind an die hohe Strömungsgeschwindigkeit im Gewässer angepasst, sie sind flach gebaut und saugen sich mit ihrem Saugmund am Untergrund fest. So ist es ihnen möglich, nicht weggespült zu werden. Nach etwa fünf bis sechs Monaten klettern fertige kleine Kröten an Land.

Art, Familie *Atelopus hoogmoedi,* Kröten (Bufonidae) | **Vorkommen** Guyana, Surinam, Französisch-Guyana und angrenzendes Nordbrasilien | **Habitat** primäre Regenwälder, submontane Wälder, Laubstreu im Ufergebiet von Bächen | **Größe** 30–40 Millimeter | **Nahrung** kleine Insekten | **Bedrohungsstatus** nicht in der Roten Liste gelistet | **Merke** In manchem Kerl steckt auch eine Frau.

50 Hornlappen-Ruderfrosch

Wenn der Name eindeutig ist

Der namengebende prominente Hornlappen befindet sich hinter dem Auge und über dem deutlich zu erkennenden Trommelfell. Er hat ein gezacktes, knochiges Aussehen. Die Art findet sich häufig in Lebensräumen, die vom Menschen zum Teil deutlich verändert wurden, sogar in Ölpalmplantagen und selbst in Dörfern und Häusern. Ein typisches und gut beschriebenes Habitat existiert unter anderem bei Kalabakan im malaysischen Sabah: ein gerodetes Stück Regenwald, in dem einige primäre Bäume verblieben sind und das mit einem Gewirr aus neuen Pflanzen bewachsen ist. Er ist also ein Kulturfolger.

Obwohl sich der Hornlappen-Ruderfrosch an diese Veränderung anpassen kann, scheinen die Bestände ganz langsam rückläufig zu sein. Er gilt aber bisher wegen des großen Verbreitungsgebietes und seiner Anpassungsfähigkeit nicht als bedroht. Wird der Regenwald allerdings restlos vernichtet, ist selbst der Hornlappen-Ruderfrosch nicht mehr anzutreffen. Dazu wird er noch immer für den internationalen Handel als Heimtier gesammelt. Dennoch sind selbst grundlegende Fakten wie das Maximalalter oder das Alter, ab dem die Tiere geschlechtsreif werden, kaum bekannt. Dies erscheint widersprüchlich, da die Art ein großes Verbreitungsgebiet hat und im Terrarium gehalten wird, doch die Population ist trotzdem relativ klein.

Polypedates otilophus lebt nahezu ausschließlich auf Bäumen, dazu stehen diese zumeist an temporären Stillgewässern. Von hier aus rufen die Männchen in der Nacht, um die Weibchen anzulocken. Erliegen die Weibchen dem männlichen Werben, werden sie zur Paarung gepackt und beginnen daraufhin mit der Produktion eines Schaumnestes an Blättern oder Buschwerk, in das die Eier gelegt werden. Wie bei solchen Nestern üblich fallen die schlüpfenden Kaulquappen in das darunter liegende Wasser. Apropos Kaulquappen: Diese werden mit bis zu 60 Millimetern – eine Quelle spricht von 85 Millimetern – sehr groß.

Art, Familie *Polypedates otilophus*, Ruderfrösche (Rhacophoridae) | **Vorkommen** Borneo, Sumatra, Süden der Malaiischen Halbinsel | **Habitat** sekundäre tropische Regenwälder, Ränder von Primärwäldern, bis auf 1.000 Höhenmeter | **Größe** bis 100 Millimeter | **Nahrung** Insekten, Spinnentiere, auch andere Frösche | **Bedrohungsstatus** nach Roter Liste nicht gefährdet, Population abnehmend | **Merke** Anpassungsfähigkeit hat Grenzen.

51 Italienischer Höhlensalamander

Ein »Chamäleon« unter den Salamandern

Der kleine, schlanke Salamander ist in der Rückenfärbung sehr variabel, das Spektrum reicht von Rötlich bis Braun mit dunkelbraunen bis ockerfarbenen Flecken. Der Bauch ist bräunlich mit hellen oder dunkleren Flecken, alles in allem also ein relativ unauffälliges Kerlchen. Bemerkenswert ist allerdings seine Zunge, die – mit starker Muskulatur versehen – ein Fangapparat ist. Der Lurch ernährt sich von kleinen Insekten, Asseln und Spinnen. Um diese Tiere erbeuten zu können, besitzt der Italienische Höhlensalamander eine besondere Schleuderzunge. Diese ist fast genauso lang wie sein Körper, das sind immerhin bei einem adulten Tier gute sechs Zentimeter. Damit die Schleuderzunge funktioniert, wird sie durch spezielle Zungenknochen und Retraktormuskeln unterstützt, denn sie muss ja nicht nur wie ein Projektil hinausgeschleudert, sondern auch sehr schnell wieder hereingeholt werden. Das Schnappen nach der Beute und das Einholen ebendieser erfolgt innerhalb von 150 Millisekunden!

Diese spezielle Jagdtechnik ist vonnöten, da der Salamander nicht in der Lage wäre, seine Beute über längere Zeit aktiv zu jagen. Erstaunlicherweise besitzt der Lurch keine Lunge. Falls Sie sich jetzt fragen, wie das denn gehen kann, dann kommt hier die Antwort: Erstens ist der Salamander ein wechselwarmes Tier, er hat von Natur aus eine sehr niedrige Stoffwechselrate. Zweitens betreibt er wie alle Amphibien über seine dünne, durchlässige Haut Hautatmung. Und drittens kann er die Hautatmung noch über die Mundschleimhaut unterstützen.

Um dieses faszinierende Tier zu sehen, müssen Sie nicht bis nach Italien reisen, eine Fahrt ins Weserbergland reicht schon aus. Denn hier lebt seit 2013 in einer 40 Meter langen Felswand ebenfalls eine kleine Population dieser in ihrer Heimat bedrohten Tierart.

Art, Familie *Speleomantes italicus*, Lungenlose Salamander (Plethodontidae) | **Vorkommen** Italien, endemisch im nördlichen und zentralen Apennin | **Habitat** dauerfeuchte, kühle Höhlen und Minen, unterirdische Felsspalten, 80–1.600 Höhenmeter | **Größe** 10–12,5 Zentimeter | **Nahrung** Insekten, Spinnen, Asseln | **Bedrohungsstatus** nach Roter Liste gering gefährdet | **Merke** Der kleine Italiener ist sehr zungenfertig!

52 Jambato-Harlekinkröte

Die Elegante aus Ecuador

Diese elegante kleine Kröte ist schmal und grazil. Ausgewachsene Männchen bringen gerade einmal 0,61 Gramm auf die Waage, wohingegen die wesentlich größeren Weibchen immerhin bis zu 2,78 Gramm wiegen können. Vorder- und Hintergliedmaßen der zierlichen Kröten sind passenderweise schmal und lang. Auf gelbem bis olivgrünem Grund befinden sich stets schwarze Flecken auf Körper und Gliedmaßen, und seitlich zieht sich jeweils ein einzelner breiterer Streifen vom Auge bis zum Körperende. Der wissenschaftliche Artname *elegans* rührt allerdings nicht von der zierlichen Statur der Tiere her, sondern von ihrer außergewöhnlich glatten Haut.

In der Nacht halten sich die kleinen Kröten auf den Blättern der Baumkronen auf. Wo genau im Wald sie sich jedoch den Tag vertreiben, ist noch relativ unbekannt. Wahrscheinlich ist, dass sie sich zur Fortpflanzung an Ufern von Bächen und schnell fließenden Flüssen treffen. Nur gut, dass die Männchen Fliegengewichte sind, denn die Weibchen nehmen diese zur Paarung huckepack. Wissenschaftler haben die Kaulquappen dieser selten gewordenen Art untersucht und herausgefunden, dass sie eine besondere Anpassung an das Leben in rasch fließenden Gewässern aufweisen, nämlich eine Art Saugnapf am Bauch. Damit können sich die Kaulquappen an Ort und Stelle halten und den Untergrund nach Nahrungspartikeln absuchen.

Nur noch knapp 20 Prozent des ursprünglichen Lebensraumes dieser hübschen Amphibien sind in Ecuador übrig geblieben. Durch Brände, Holzeinschlag, den Bau von Siedlungen und vielfältige Landnutzung wurden die ursprünglichen Vegetationsflächen auf ein Minimum reduziert. Da diese Art nicht nur massiv vom Lebensraumverlust, sondern auch von der Chytridpilz-Erkrankung bedroht ist, wurden einige Exemplare in eine Erhaltungszucht in Ecuador übernommen. Hier ist man bestrebt, die Biologie dieser Art näher kennenzulernen und sie in menschlicher Obhut zu züchten.

Art, Familie *Atelopus elegans,* Kröten (Bufonidae) | **Vorkommen** Nordwest-Ecuador, möglicherweise Kolumbien (Insel Gorgona) | **Habitat** feuchte tropische Regenwälder | **Größe** Männchen 22–24 Millimeter, Weibchen 33–36 Millimeter | **Nahrung** kleine Wirbellose | **Bedrohungsstatus** nach Roter Liste stark gefährdet, Population abnehmend | **Merke** Noch eine kleine bedrohte Schönheit!

53 Japanischer Schwertschwanzmolch

Ein Schwertträger, der Gift einsetzt

Die Gattung *Cynops* heißt zu Deutsch Feuerbauchmolche, denn vor allem während der Paarungszeit leuchtet ihr Bauch orangerot mit einigen dunklen Flecken. Die Grundfärbung von Rücken und Flanken kann von Grau bis Schwarz variieren. Zwei Dorsalstreifen mit Hautdrüsen ziehen sich in Orange oder Gelb, beginnend hinter den Hinterohrdrüsen, über den Körper bis zum Schwanzende. Die Hautdrüsen enthalten ein giftiges Hautsekret. Und genau vor diesem Gift warnt das Orangerot des Bauches. Denn hierbei handelt es sich um eine Variante des Nervengiftes Tetrodotoxin, das die Molche mit der Nahrung aufnehmen und potenzieren. Dieses Gift macht sie für viele Fressfeinde ungenießbar, denn es ist eines der stärksten Toxine in der Natur. Statt mit seinem Schwert respektive dem seitlich abgeflachten Schwanz kämpft der Molch mit Gift!

Weibchen sind größer und fülliger als Männchen, die zudem einen kürzeren Schwanz haben. In der Paarungszeit schwillt die Kloake der Männchen kugelig an, während sich die Kloake der Weibchen konisch zuspitzt. Wenn es an die Paarung geht, dann wird wild getanzt und geschwänzelt. Denn das Männchen stellt sich dem Weibchen schwanzwedelnd und Pheromone ausströmend in den Weg. Es schwingt also sein »Schwert«. Das tut es, um die Pheromone durch das Wedeln in Richtung Weibchen zu fächern und es damit zu betören. Folgt es ihm, so setzt es eine Spermatophore ab und versucht, seine Herzensdame rückwärts über dieses Spermapaket zu platzieren, damit sie das Sperma aufnehmen kann. Sollte ein zweites Männchen dazwischenkommen, dann stört dieses die Paarung, indem es einen der Paarungspartner wegschiebt. Nach erfolgreicher Paarung legt das Weibchen seine Eier einzeln an Wasserpflanzen ab. Nach drei Monaten schlüpfen daraus die Molch-Kaulquappen.

Art, Familie *Cynops ensicauda popei*, Echte Salamander (Salamandridae) | **Vorkommen** Japan: Okinawa-Inseln, Gemeinde Kin | **Habitat** stehende Gewässer wie Tümpel, Bewässerungsgräben, Reisfelder | **Größe** 130 – 180 Millimeter | **Nahrung** Insekten, Schnecken, Tubifex, Regenwürmer, Eier und Kaulquappen von Fröschen und anderen Molchen, aber auch der eigenen Art | **Bedrohungsstatus** nach Roter Liste gefährdet, Population abnehmend | **Merke** Manch ein Schwertträger hat nur eins im Kopf – Sex!

54 Java-Schwimmfrosch

Pack die Badehose ein …

Diese unauffällige Froschart ist eigentlich weit verbreitet. Dennoch machen sich Forscher Sorgen um ihren Bestand. Denn gerade um weitverbreitete Arten macht man sich meist erst Gedanken, wenn es zu spät ist. In Südchina, wo der Java-Schwimmfrosch beheimatet ist, erlebt er einen massiven Rückgang, da seine Lebensräume rapide schwinden. Besonders in Hongkong gab es bereits in den 1990er Jahren einen dramatischen Rückgang, da sich die Java-Schwimmfrösche hier insbesondere in Reisfeldern aufhielten. Die klassische Landwirtschaft verschwand jedoch zugunsten von Siedlungen aus der Region und mit ihr der kleine Frosch. Gemeinsam mit ihm verschwand auch der Taipeh-Grasfrosch (*Hylarana taipehensis*), der sich hier ebenfalls wohlfühlte. Heute sind in Hongkong kaum noch Java-Schwimmfrösche verblieben, und ein Programm zu ihrer Rettung soll helfen, diese einst häufige Art zurückzuholen.

Der Java-Schwimmfrosch wird auch »Puddle-Frog«, also Pfützen-Frosch, genannt, was schon zeigt, dass er in der Wahl seiner Laichgewässer zwar nicht allzu wählerisch ist, aber temporäre Gewässer liebt. Dieser gesellige Frosch kann prima schwimmen und lässt sich gern an der Wasseroberfläche treiben. Er lauert so auch seiner Beute auf, indem er sich am Ufer im Wasser verbirgt und auf Insekten wartet, die vorbeifliegen oder am Ufer krabbeln. Seine Augen sitzen weit oben auf dem Kopf, so kann er seine Umgebung bestens beobachten, während sein Körper im Wasser liegt und er sich nicht bewegen muss. Er wartet nur darauf, dass sich ein Leckerbissen traut, an seinem Maul vorbeizufliegen. Eine wunderbare Anpassung an das aquatische Dasein. Ebenso wie seine unauffällige Färbung und seine geringe Körpergröße, die ihn als Beute sehr unattraktiv machen. Doch auch wenn er Schwimmfrosch heißt, kann er gut klettern und so beinahe jedes Schwimmblatt leichten Fußes erklimmen, um es sich hier bequem zu machen.

Art, Familie *Occidozyga lima*, Dicroglossidae | **Vorkommen** Ostasien: Bangladesch, Kambodscha, Südchina, Hongkong, Indien, Indonesien (Sumatra, Java), Laos, Thailand, Nepal, Myanmar, Malaysia | **Habitat** Grasland, Waldlichtungen und -ränder, Überschwemmungsgebiete, diverse wasserführende Becken | **Größe** 25 – 40 Millimeter | **Nahrung** kleine Insekten | **Bedrohungsstatus** nach Roter Liste nicht gefährdet | **Merke** Auch den häufigen Arten gebührt Beachtung.

55 Kamerun-Haarfrosch

Ein Wolverine-Frosch

In den Bergen Kameruns lebt auf dem Waldboden ein merkwürdiger Frosch. Dieser könnte aus dem Gruselkabinett eines amerikanischen Horrorfilms stammen. Okay, auf den ersten Blick wirkt er nicht so aufregend. Olivgrün bis braun gefärbt, mit braunen Bändern auf dem Rücken, er fällt nicht auf. Das Männchen hat paarige Schallblasen und trägt an den Händen drei Reihen schwarzer Zähnchen, mit denen es sich bei der Paarung am Weibchen festhält. Überraschenderweise ist das Männchen viel größer als das Weibchen. Zur Paarungszeit zeigt das Männchen eine Besonderheit, die ihm zu seinem Namen verhalf. An den Flanken und den Hinterbeinen scheint der Frosch behaart zu sein. Es sind jedoch keine Haare, sondern stark durchblutete Hautlappen. Ihre genaue Funktion ist noch nicht geklärt. Zur Paarungszeit treffen sich die Tiere in Bächen und Flüssen und legen die Laichpakete an Steinen ab.

Was den Frosch allerdings noch skurriler macht, ist seine Verteidigungsstrategie. Der Haarfrosch gehört zu den Langfingerfröschen, und seine langen Zehen bergen ein schmerzhaftes Geheimnis. Bei Gefahr tritt der Frosch mit den Beinen heftig aus, fährt seine Krallen aus und verteidigt sich damit. Er ist der Wolverine unter den Fröschen! Die Krallen brechen durch die Haut. Sie bestehen nicht, wie es normalerweise der Fall ist, aus Horn, sondern aus Knochen. Es sind die Endglieder der Zehen, die eine Sollbruchstelle haben und so durch die Haut dringen. Im Ruhezustand befindet sich am Endglied ein knöcherner Fortsatz, der mit einem bindegewebsreichen Gewebe mit dem Zeh-Endglied und durch eine kollagenreiche Scheide mit der Haut verbunden ist und am Platz gehalten wird. Ein spezieller Muskel auf der Unterseite der Zehe sorgt durch seine Kontraktion für das Brechen an der dafür vorgesehenen Stelle und stößt den offenen Bruch durch die Haut. Der Frosch verletzt sich selbst – aber besser verwundet als tot!

Art, Familie *Astylosternus rheophilus*, Langfingerfrösche (Arthroleptidae) | **Vorkommen** Westkamerun | **Habitat** submontane und montane Zonen zwischen 1.300 und 2.450 Höhenmetern, an Bächen und Flüssen in Wäldern, in Höhen in Busch- und Graslandschaften | **Größe** 110 Millimeter | **Nahrung** Schnecken, Tausendfüßer, Webspinnen, Käfer und Heuschrecken | **Bedrohungsstatus** nach Roter Liste gering gefährdet, Population abnehmend | **Merke** Die Froschwelt kann mit Hollywood locker mithalten!

56 Kannenpflanzenfrosch

Der Frosch aus der Kannenpflanze

Wer würde glauben, dass dieser kleine ockerfarbene Frosch 2021 die Mediensensation unter den Amphibien war? Was führte zu diesem Ruhm? Es ist ganz einfach, aber biologisch eben doch nicht ganz so einfach. Denn dort, wo sich andere Lebewesen rasch in ihre Bestandteile auflösen, überleben sowohl erwachsene Frösche als auch ihre Eier und Kaulquappen, nämlich in der Verdauungsflüssigkeit einer fleischfressenden Pflanze, der Samt-Kannenpflanze (*Nepenthes mollis*). Durch einen noch unbekannten Schutzmechanismus können sich die Frösche ungehindert in der Kanne der Pflanze aufhalten und sind hier vor Angreifern in Sicherheit. Ein exzellentes Versteck und zudem eine phantastische Kinderstube für den Nachwuchs. Denn trotz hoher Niederschlagsmengen sind hier an den Berghängen Borneos permanente Gewässer, die für die Entwicklung der Eier und Kaulquappen notwendig wären, rar.

Als Miete für dieses exklusive Domizil liefert der Frosch seiner Wohnpflanze lediglich Fäkalien, Häutungsreste und Eikapseln. So haben alle was davon. Denn die Pflanze nutzt diese Stoffe für sich. Und sogar die Pflanze ist etwas Besonderes, sie galt lange Zeit als verschollen. Als sie erstmals entdeckt wurde, lebte sie 1925 in 1.800 Metern Höhe auf dem Berg Kemul in Ost-Kalimantan. 93 Jahre lang galt sie als verloren und war eine der 25 meistgesuchten Arten der Welt. 2018 wurde sie wiederentdeckt.

Der Wohnort des Frosches nebst seltener Kannenpflanze liegt auf 2.115 Metern Höhe nordöstlich des Gipfels des Gunung Murud auf Borneo. Der kleine Frosch, der erst im Jahr 2021 wissenschaftlich beschrieben wurde, hat sich also eine edle Unterkunft gewählt. Der Artname *nepenthophilus* zielt auf die enge ökologische Beziehung des Frosches mit der fleischfressenden Pflanze ab: »Nepentho« steht für *Nepenthes* und »philus« leitet sich von dem altgriechischen Wort »phílos« ab, was »das Geliebte/Wichtige« bedeutet.

Art, Familie *Philautus nepenthophilus,* Ruderfrösche (Rhacophoridae) | **Vorkommen** Pulong Tau Nationalpark, Sarawak, malaysischer Teil von Borneo | **Habitat** Kannenpflanze auf Bäumen im Bergregenwald | **Größe** Männchen 28,67–32,34 Millimeter, Weibchen 35,22–37,24 Millimeter | **Nahrung** kleine Wirbellose | **Bedrohungsstatus** in der Roten Liste noch nicht gelistet | **Merke** Eine Tier-Pflanze-Beziehung, die nicht lebensnotwendig ist, nennt man Mutualismus.

57 Knoblauchkröte

Niedlicher Kampfknubbel

Die Knoblauchkröte ist eher klein, hat einen gedrungenen Körper, eine stumpfe Schnauze und große Augen mit senkrechter Pupille. Für einen Krötenfrosch besitzt sie eine relativ glatte Haut mit wenigen Warzen. Auffällig ist bei erwachsenen Tieren auch der Scheitelhöcker am Hinterkopf. Die Weibchen sind größer und haben wesentlich mehr schwarze und rote Punkte als die Männchen. Dafür haben die Männchen an den Oberarmen jeweils eine Drüsenleiste. Beide Geschlechter besitzen gut ausgeprägte Grabschwielen an den Hinterfüßen und eine entsprechende Muskulatur an den Hinterbeinen. Somit können sie sich rasch rückwärts eingraben. Tagsüber sind die Tiere daher schwer zu finden. Erst in der Nacht werden sie aktiv und gehen ihrem »Tagesgeschäft« nach.

Für den Fall einer Bedrohung hat die kleine, knubbelige Kröte einige Abwehrtricks parat: Sie kann sich aufblähen und groß wirken, ein stinkendes Sekret absondern, das wie Knoblauch riecht, sich blitzschnell eingraben, schreien wie ein Kleinkind oder sogar mutig den Angreifer mit aufgerissenem Maul anspringen. Knoblauchkröten sind mit Ausnahme von Teilen Südwestdeutschlands und Südbayerns in ganz Deutschland verbreitet. Als Kulturfolger leben sie hier häufig auf landwirtschaftlich genutzten Flächen.

Knoblauchkröten sparen sich lange Wanderungen zu ihren Laichgewässern und nutzen das, was in Reichweite von wenigen hundert Metern liegt. Allerdings bevorzugen sie nährstoffreiche, gut bewachsene, große und tiefe Gewässer. Ihre leisen Rufe, die wie »wok, wok, wok« klingen, lassen die Männchen unter Wasser hören. Da die Tiere keine Schallblase besitzen, nutzen sie die Resonanzkraft des Wassers, das den Ruf der Tiere weiterträgt. Die Laichschnüre bestehen aus 1.200 bis 3.400 Eiern. Die Kaulquappen der kleinen Kröten sind wiederum die größten der heimischen Lurche und erreichen eine Länge von bis zu 19 Zentimetern.

Art, Familie *Pelobates fuscus*, Pelobatidae | **Vorkommen** Mittel- und Osteuropa | **Habitat** Tiefland, offene, steppenartige, sandige Flächen, Heidegebiete und Agrarflächen | **Größe** Männchen bis 65 Millimeter, Weibchen bis 80 Millimeter | **Nahrung** Insekten (Käfer, Heuschrecken, Grillen), auch Spinnen und Asseln, Schnecken und Regenwürmer | **Bedrohungsstatus** streng geschützt nach Bundesnaturschutzgesetz | **Merke** Ein kleiner Stinker.

58 Korallenfingerlaubfrosch

Der ewig lächelnde Frosch

Die Namensgebung verwirrt oft. Der wissenschaftliche Artname *caerulea* leitet sich vom lateinischen »caeruleus« ab und bedeutet »himmelblau«. Dabei zeigt der Frosch je nach Temperatur und Stimmung auf Rücken und Flanken ein sattes Grün oder Braun. Dieses Missverständnis ergab sich aus der Tatsache, dass nicht ein lebendes Tier, sondern ein in Alkohol eingelegtes Exemplar 1790 zur Artbeschreibung genutzt wurde. Die grüne Körperfarbe entsteht aus zwei Pigmentschichten, einer blauen und einer gelben. Durch den Alkohol wurde bei dem Belegexemplar die gelbe Pigmentschicht aufgelöst, und so sah es blau aus. Offenbar hatte jemand vergessen, das Aussehen des lebenden Frosches zu notieren. Auch der deutsche Name »Korallenfinger« ist nicht ganz zutreffend, denn nur wenige Exemplare zeigen zartrosa Finger, die an Korallen erinnern. Der nach oben auslaufende Mundwinkel sorgt bei den Fröschen meist für ein anhaltend seliges Lächeln.

In der Natur werden die Tiere über 12 Jahre alt, als Haustier gehaltene Exemplare können 26 Jahre alt werden. Beheimatet ist dieser Frosch zwar in Australien und Papua-Neuguinea, er ist aber als Neuankömmling auch in Florida anzutreffen. Fühlt sich das Tier angegriffen, so stemmt es die Füße in den Boden, krümmt den Rücken und senkt seinen Kopf. Dadurch richtet es seine über den Trommelfellen gelegenen Hinterohrdrüsen auf den Angreifer und spritzt ein Abwehrsekret ab. Überhaupt sind die Hautsekrete des Korallenfingers höchst interessant. Mehr als 40 verschiedene Peptide konnten isoliert werden, von denen viele antibakteriell und antiviral wirken. Am eindrucksvollsten ist allerdings das Caerulein, das klinisch als Schmerzmittel zum Einsatz kommt und eine tausendfach höhere Wirksamkeit als Morphin aufweist. Weitere Peptide wirken gegen HI-Viren, ohne dabei die T-Zellen zu schädigen. Der selig lächelnde Frosch beherbergt in sich eine Apotheke!

Art, Familie *Ranoidea* (Synonym *Litoria*) *caerulea*, Australische Frösche (Pelodryadidae) | **Vorkommen** Australien (Queensland und Nordterritorium), Indonesien, Papua-Neuguinea, als Neozoen USA (Florida) | **Habitat** warmfeuchte, subtropische bis tropische Wälder, Buschland, Feuchtgebiete unter 200 Metern über dem Meer | **Größe** 100–120 Millimeter | **Nahrung** Insekten, Spinnen, Schnecken | **Bedrohungsstatus** nach Roter Liste nicht gefährdet | **Merke** Diese Frösche sind hüpfende Apotheken!

59 Kreuzkröte

Die mit dem Streifen auf dem Kreuz

Namengebend ist der helle Streifen auf dem Rücken, der meist von der Krone des Kopfes mittig über den Rücken (»das Kreuz«) bis zum Schwanzende verläuft. Historisch dürften die Überschwemmungs- und Ufergebiete von Fließgewässern der ursprüngliche Lebensraum der Kreuzkröte gewesen sein. Dortige Sand- und Kiesbänke, Sanddünen, Auen und Altarme von Fließgewässern waren vor der weitgehenden Kanalisierung der Fluss- und Bachsysteme die Heimat der Kreuzkröte. In der heutigen Kulturlandschaft sind solche Gebiete nur noch selten zu finden.

Immerhin ist es der Kreuzkröte gelungen, sogenannte Sekundärhabitate zu erobern, die den natürlichen Lebensräumen ähneln. Dabei handelt es sich um Kies-, Sand- und Steingruben, Industrie- oder andere Baubrachen, Bahngelände, Truppenübungsplätze und Ähnliches. Wie die natürlichen Lebensräume müssen sie offene Flächen mit wenig Vegetation bieten, dabei trotzdem ausreichend Versteckmöglichkeiten an Land, wie beispielsweise Steine, und zahlreiche flache Temporärgewässer zum Laichen. Dabei darf reichlich Sonneneinstrahlung vorhanden sein, denn Kreuzkröten lieben es sehr warm. Bei Trockenheitsstress kann die Kreuzkröte Harnstoff im Blut ansammeln und bis zu einem Drittel des Körpergewichts an Wasser in der Blase speichern.

Da Temporärgewässer wie Pfützen schnell austrocknen, entwickeln sich die Kaulquappen sehr schnell, benötigen dafür aber optimale Bedingungen. Besonders interessant ist, dass Kreuzkröten sogar in sehr sauren Gewässern mit einem pH-Wert von vier ablaichen können, ohne dass die Entwicklung von Eiern und Kaulquappen gehemmt wird. Außerdem laicht die Kreuzkröte in Südskandinavien sogar im Bereich der Spritzwasser- und Gezeitenzone und an der deutschen Nord- und Ostseeküste im Brackwasser. Dabei nimmt sie beachtliche Salzkonzentrationen und -schwankungen in Kauf. Für ein Amphib wirklich eine Leistung!

Art, Familie *Epidalea calamita*, Kröten (Bufonidae) | **Vorkommen** Iberische Halbinsel im Westen bis ins Baltikum im Osten | **Habitat** trockene, wenig bewachsene Sandflächen | **Größe** bis 80 Millimeter | **Nahrung** Insekten, Spinnentiere | **Bedrohungsstatus** nach Roter Liste nicht gefährdet, Population abnehmend, besonders geschützt nach Bundesnaturschutzgesetz | **Merke** Ein großes Verbreitungsgebiet bedeutet nicht, dass es auch viele Tiere gibt!

60_Kunapalari-Frosch

Ein Ausflug in die Genetik

Der Kunapalari-Frosch hat keine festgelegte Laichzeit, sondern legt Eier, wenn genug Wasser vorhanden ist. Nach schweren Regenfällen und dem Auftauchen der damit verbundenen Sekundärgewässer wird das Paarungs- und Laichgeschäft erledigt.

Eine andere Tatsache ist aber weit interessanter: Der Kunapalari-Frosch ist polyploid. Das bedeutet, dass er nicht einen doppelten Chromosomensatz besitzt wie die meisten anderen Tiere oder der Mensch, sondern mehrere. Bei ihm sind es vier Chromosomensätze an der Zahl, er ist also tetraploid. Chromosomen? Das sind die Dinger in den Zellkernen, auf denen die genetische Information gespeichert ist. Tiere mit einem polyploiden Chromosomensatz vermehren sich meist asexuell, also ohne Paarung und den damit verbundenen Genaustausch. Auch hier bildet der Kunapalari-Frosch eine Ausnahme, da sich Männchen und Weibchen nach Froschart miteinander paaren und so vermehren.

Nun gibt es neun Arten in der Gattung *Neobatrachus*, die bei einer Studie genauer untersucht wurden. Sechs davon sind diploid, haben also den normalen doppelten Chromosomensatz, drei sind tetraploid, also mit vierfachem Chromosomensatz. Während die diploiden Arten voneinander geografisch isoliert sind, scheinen sie mit den tetraploiden Arten in Kontakt zu stehen. Es findet ein Genfluss zwischen den Arten statt, also ein Austausch genetischer Informationen, normalerweise zwischen zwei Gruppen einer Art. Dieser Genfluss ist asymmetrisch, die tetraploiden Arten übernehmen von den diploiden Arten mehr Gene als umgekehrt. Die Studie ergab zudem, dass diese Vermischung den tetraploiden Arten die Anpassung an zum Beispiel durch den Klimawandel veränderte Lebensräume erleichtert. Abschließend darf man die Frage stellen, ob es sich denn um neun verschiedene *Neobatrachus*-Arten handelt oder nur um eine einzige Art. Aber das ist eine andere Frage …

Art, Familie *Neobatrachus kunapalari*, Australische Südfrösche (Limnodynastidae) | **Vorkommen** zentrale und südwestliche Teile West-Australiens | **Habitat** trockene, wasserundurchdringliche Böden mit wenig Bewuchs | **Größe** bis 60 Millimeter | **Nahrung** Insekten, Spinnentiere | **Bedrohungsstatus** nach Roter Liste nicht gefährdet | **Merke** Genetik ist komplex, aber interessant!

61 Laos-Warzenmolch

Paarungstanz auf Molchart

Der Laos-Warzenmolch ist ein Molch, der aquatisch lebt, also weitgehend im Wasser. Kurze Strecken über Land bewegt er sich nur während oder nach starken Regenfällen. Im Wasser ist er tagsüber sehr aktiv. Er lebt in kühlen Fließgewässern, deren Ufer mit Gräsern gesäumt sind. Hier bewegt er sich rege über den Grund von sonnenbestrahlten kleinen Pools, verbirgt sich immer wieder unter und zwischen Steinen und in Felsspalten. Sicherlich mag er diese kleinen Bassins, weil sie durch die Sonneneinstrahlung etwas wärmer sind als das schnell fließende Wasser.

Diese offene Lebensweise kann er sich leisten, denn durch seine gelb-rosa-rötliche Rückenzeichnung ist er im auf dem Grund tanzenden Sonnenlicht gut getarnt. Bei einigen subtropischen Molchen findet die Paarungszeit in der kältesten und/oder trockensten Zeit des Jahres statt. So auch hier. Wenn Temperaturen und Niederschlagsmengen zwischen November und Februar am niedrigsten sind, paaren sich die Tiere, und die Eier werden in den bereits erwähnten Pools einzeln zwischen toten Blättern auf dem Grund abgelegt.

Während der Paarungszeit unterscheiden sich die Männchen von den Weibchen durch einen metallisch blauen Rückenstreifen. Seine Kloake ist jetzt halbkugelartig, die der Weibchen kegelförmig. Die Paarung gleicht einem Tanz und ist wunderbar anzuschauen. Das Männchen biegt den Schwanz nach vorne und fächelt der Auserwählten damit Pheromone zu. Erliegt sie seinem Werben, führt er sie über die zuvor abgelegte Spermatophore, das Samenpaket, das sie mit der Kloake aufnimmt. Oft sind bei neu beschriebenen Arten selbst grundlegende Fakten noch nicht bekannt. Der Laos-Warzenmolch, 2002 erstmals wissenschaftlich erfasst, wurde bis 2009 einer anderen Gattung (*Paramesotriton*) zugeordnet. Nach näherer Betrachtung der reduzierten Zunge bildete man seine monophyletische, also nur eine Art beinhaltende Gattung *Laotriton*.

Art, Familie *Laotriton laoensis*, Echte Salamander (Salamandridae) | **Vorkommen** Nordlaos | **Habitat** kühle Bäche im subtropischen Grasland, um 1.100 Höhenmeter | **Größe** bis 90 Millimeter | **Nahrung** aquatische Wirbellose, Schnecken | **Bedrohungsstatus** nach Roter Liste stark gefährdet, Population abnehmend | **Merke** Mit Tanzen kriegt man die Damen rum!

62 Lehmanns Baumsteiger

Ein Farbwunder!

Die Arten der Gattung *Oophaga* neigen zu ungeahnter Variationsbreite, was die Färbung angeht. Sie sind sicherlich die farblich variationsreichste Froschgattung, wenn nicht sogar Wirbeltiergruppe überhaupt. Hier sehen Sie den klassischen Lehmanns Baumsteiger mit klar abgegrenzten roten Querbändern auf schwarzem Grund. Neben der Variation der Grundfarbe zu Braun können die Bänder ebenso blau, orange oder gelb sein und ausgefranst oder durch die Grundfarbe unterbrochen werden. Finger- und Zehenspitzen sind weiß bis blau-weiß und ein Unterscheidungsmerkmal zu einer ähnlichen Art, dem Harlekin-Baumsteiger. Das Verbreitungsgebiet des Lehmanns Baumsteigers beträgt gerade einmal zehn Quadratkilometer.

Die männlichen Tiere sitzen in ihrem Revier gern auf erhöhten Stellen. Das können Sträucher, Bäume, deren Stümpfe oder Ähnliches sein, sodass sie von oben herab ihr Revier überblicken und ein Auge auf die Weibchen werfen können. Andere Männchen werden aggressiv vertrieben. Haben Paarung und Eiablage in feuchtem Laub stattgefunden, muss das Gelege vom Weibchen bis zum Schlupf ausreichend feucht gehalten werden. Damit sie genug Sauerstoff bekommen, werden die Eier vom Männchen immer wieder gedreht. Nun zeigt sich das typische Brutverhalten der Gattung. Der Gattungsname leitet sich von der Tatsache ab, dass die Kaulquappen vom Muttertier mit sogenannten Nähreiern gefüttert werden. Hierzu werden die Larven nach dem Schlupf vom Männchen einzeln vom Gelegeplatz in Phytotelmen getragen. Lehmanns Larven sind kannibalistisch und würden daher andere Kaulquappen in der gleichen Phytotelme schlichtweg auffressen. Die Mutter besucht alle zwei bis vier Tage die Kaulquappen und füttert sie einzeln mit Nähreiern. Diese sind unbefruchtet, entwickeln sich daher nicht und sind essenziell für die Entwicklung der Kaulquappen. Ohne die Nähreier würden die Kaulquappen verhungern.

Art, Familie *Oophaga lehmanni*, Baumsteigerfrösche (Dendrobatidae) | **Vorkommen** Kolumbien: in Teilen der Chocó-Region | **Habitat** Bergregenwälder | **Größe** bis 35 Millimeter | **Nahrung** Insekten, Spinnentiere | **Bedrohungsstatus** nach Roter Liste kritisch von Ausrottung bedroht, Population abnehmend | **Merke** Nix mit Geschwisterliebe!

63 Lemur-Laubfrosch

Das Juwel aus dem Regenwald

Trotz langer, dünner Beine springt der hübsche Frosch nur selten. Im Gegenteil, er bewegt sich lieber langsam, sehr langsam! Der nachtaktive Laubfrosch ist tagsüber hellgrün und schläft unsichtbar an Blattunterseiten. In der Nacht verändert sich sein Äußeres, und er nimmt, getarnt in verschiedenen Brauntönen, die Jagd auf. Die großen, runden Augen leuchten silbrig und beobachten alles genau. Er nähert sich langsam der Beute und springt diese im letzten Augenblick blitzschnell an.

Bis zu 30 Eier werden auf der Blattoberseite abgelegt, und die Larven fallen beim Schlupf ins Gewässer, das sich dann hoffentlich unter dem Blatt befindet. Manchmal werden sie auch vom Regen abgespült. Zahlreiche Faktoren bedrohen den Fortbestand dieser Froschart, der Verlust ihres Lebensraumes ist aber die schlimmste Bedrohung. Viele Populationen sind der Abholzung ihres Waldes schon zum Opfer gefallen. Chytridpilz und Ranavirus, die tödlichsten Krankheiten, machen dem Lemur-Laubfrosch das Überleben schwer. Seit 1998 ist die Population um 95 Prozent geschrumpft. Immerhin 37 Prozent des Verbreitungsgebietes liegen in Schutzgebieten. Diese Art wurde in ein Schutzprogramm aufgenommen, das ihr Überleben auch außerhalb des natürlichen Lebensraumes in Zuchtstationen sichern soll. Gleichzeitig werden die verbliebenen Restbestände in der Natur geschützt.

Grundlagenforschung ist zum Erhalt der Art wichtig und bringt oft Erstaunliches zutage. Die Haut der Frösche enthält zahlreiche antimikrobielle Peptide, sodass das Bakterienwachstum gehemmt wird. Darunter sind sogar Peptide, die das Wachstum der Zoosporen des Chytridpilzes hemmen und sogar zum Erliegen bringen. Ein Peptid zeigt großes Potenzial für die Entwicklung zum Anti-Krebs-Wirkstoff. Forscher erhoffen sich Großes für die Krebs- und Diabetesforschung. Jetzt müssten nur noch die Wälder überleben, in denen dieses kleine grüne Juwel lebt!

Art, Familie *Agalychnis lemur*, Greiffrösche (Phyllomedusidae) | **Vorkommen** Nordkolumbien, Costa Rica, Panama | **Habitat** feuchte Tiefland- und Bergregenwälder, Primär-, aber auch Sekundärregenwälder | **Größe** Männchen 30–41 Millimeter, Weibchen 39–53 Millimeter | **Nahrung** kleine Wirbellose | **Bedrohungsstatus** nach Roter Liste kritisch von Ausrottung bedroht, Population abnehmend | **Merke** Das Juwel der Tropen muss überleben!

64_Lidblasenfrosch

Der Hintern – ein Blickfang!

Der Lidblasenfrosch ist an semiarides Kontinentalklima angepasst und bewohnt Savannen, Gras- und Buschlandschaften, in denen sich durch lang anhaltende Regenphasen Seen und Sümpfe bilden. Diese Regenzeiten setzen zwischen Oktober und Januar ein. Das lockt unter anderem den Lidblasenfrosch zur Paarung an diese Gewässer. Wenn das kleinere Männchen seine Auserwählte umklammert und diese bereit ist abzulaichen, dann bildet sie ein besonderes Sekret. Und nun wird der Herr zum Schaumschläger, und das im wahrsten Sinne des Wortes! Er beginnt, mit den Hinterläufen das Sekret zu einem festen Schaum zu schlagen. In dieses Schaumnest legt seine Herzensdame die Eier, die er jetzt besamt. Überraschenderweise findet die Paarung nicht direkt im Wasser, sondern am Ufer oder an Pflanzen in oder am Wasser statt. Diese Schaumnester sind anschließend deutlich am Ufer oder an Pflanzen hängend zu sehen. Innerhalb von drei Tagen verändert sich die Konsistenz des Schaums, er verflüssigt sich und spült die schlüpfenden Kaulquappen ins Gewässer.

Nicht nur die Schaumschlägerei macht diesen Frosch interessant, sondern auch eine optische Besonderheit. Farblich variiert er zwischen Beige, Braun und Grün mit dunkler Marmorierung. Überrascht wird man erst, wenn einem der kleine Kerl den Hintern zukehrt, denn der Po schaut mit großen Augen zurück! Mit ein wenig Phantasie könnte man glauben, eine Schlange blickte einen da an. Mit anderen Worten: Der Frosch versucht, Fressfeinde abzuschrecken, indem er vorgibt, eine Schlange zu sein. Solche Scheinaugen, Augenflecken oder Ozellen sind als Abwehrstrategie auch von anderen Tierarten bekannt, zum Beispiel von Nacht- und Tagfaltern, von Fischarten, Reptilien und Vögeln (Pfau). Bei Amphibien ist diese Strategie sehr selten, in der Gattung der Lidblasenfrösche wendet neben *Physalaemus nattereri* auch sein Vetter *Physalaemus marmoratus* denselben Trick an.

Art, Familie *Physalaemus nattereri*, Pfeiffrösche (Leptodactylidae) | **Vorkommen** Zentral- und Südost-Brasilien, Bolivien und Paraguay | **Habitat** Savanne, Busch- und Grasland, Feuchtgebiete | **Größe** 30 – 40 Millimeter | **Nahrung** Ameisen, Termiten, andere Insekten | **Bedrohungsstatus** nach Roter Liste nicht gefährdet, Population abnehmend | **Merke** Gelegentlich muss man zweimal hinschauen.

65 Madagaskar-Marmorkrötchen

Schüchterne Schönheit

Madagaskar-Marmorkrötchen gehören mit ihren etwa 55 Millimetern Maximallänge schon zu den großen Vertretern ihrer Gattung, deren Arten ansonsten meist unter 40 Millimetern bleiben. Sie bewohnen Höhenlagen zwischen 1.300 und 2.000 Metern, in denen es eine ausgeprägte Trockenzeit gibt. Um dann dem Austrocknen zu entgehen, graben sie sich bis zu 50 Zentimeter tief in sumpfige Böden ein, die später oberflächlich austrocknen.

Auch während der Regenzeit im madegassischen Sommer verbringen sie die Tage meist eingegraben im Boden oder in der oberen lockeren Laubschicht. Diese Verstecke verlassen sie, wenn überhaupt, nur nachts zur Nahrungssuche. Da sie aber problemlos mehrere Tage ohne Nahrung auskommen, kommt es kaum zu Begegnungen mit Menschen. Zur Paarungszeit ändert sich dieses Verhalten. Dann tauchen die Tiere häufig an der Oberfläche auf. Die Männchen bilden nun große Gruppen in permanenten oder temporären Gewässern und lassen einen regelrechten Chor erschallen, bei dem lang anhaltende, melodische Serien kurzer Töne erklingen. Zusammen mit den so angelockten Weibchen produzieren sie beim Laichen einen an der Wasseroberfläche schwimmenden Film aus zahllosen kleinen Eiern, aus denen die Kaulquappen nach weniger als drei Tagen schlüpfen.

Madagaskar gilt als einer der Hotspots der Biodiversität, und viele der hier vorkommenden Tierarten – wie auch alle Froscharten – sind endemisch, kommen also nur hier vor. Dies liegt unter anderem daran, dass die Insel schon seit etwa 90 Millionen Jahren von den restlichen Landmassen getrennt ist. Jedoch sind viele dieser Tier- und Pflanzenarten bedroht, da deren Lebensräume durch die stark verarmte Bevölkerung negativ beeinflusst werden. Nirgends auf der Welt schreitet die Umweltzerstörung so rasch voran wie auf Madagaskar.

Art, Familie *Scaphiophryne madagascariensis*, Engmaulfrösche (Microhylidae) | Vorkommen Madagaskar: Andringitra-Gebirge bis ins Ankaratra-Zentralmassiv | Habitat tropische und subtropische Hochwälder, wenn über der Baumgrenze, dann feuchtes Grasland | Größe bis 55 Millimeter | Nahrung Insekten, Spinnentiere | Bedrohungsstatus nach Roter Liste gering gefährdet, Population abnehmend | Merke Viel hübscher und wertvoller als Marmor!

66 Marañón-Baumsteiger

Entzückend, aber stark bedroht

Der Schokoladen-Baumsteiger ist schokobraun mit runden weißen Tupfen und gehört zu den bekannten Pfeilgiftfröschen. Wegen seines Fundortes am Rio Marañón, einem Zufluss des Amazonas, wird er zumeist auch Marañón-Baumsteiger genannt. Wunderschön anzuschauen – aber leider stark bedroht, denn sein verbliebenes Vorkommen ist auf drei größere Berghänge und zwei kleinere Areale in Peru begrenzt. Hier werden intensiv Bergbau und Landwirtschaft betrieben, was für die tierischen Anwohner meist zum Problem wird. Zur Erhaltung der Art hat die IUCN (International Union for Conservation of Nature) sogar drei dieser Fundorte erworben und so unter Schutz gestellt.

Außerdem ist es wie im wahren Leben: Nicht immer ist es von Vorteil, wenn man besonders hübsch ist! Viele der kleinen Frösche wurden für die Terrarienhaltung gesammelt. Die Fortpflanzung ist auch außergewöhnlich, denn die Eier werden während der Paarung, die auch mal zu dritt oder viert stattfinden kann (Skandal!), in den Blattachseln von Bromelien abgelegt. Hier haben die Frösche besondere Vorlieben, was die Größe und Form ihrer Bromelie angeht, große Pflanzen werden bevorzugt. Die geschlüpften Kaulquappen werden vom Vater auf dem Rücken transportiert und in eigene Bromelienkelche verbracht. Diese Frösche gehen viel lieber, als dass sie hüpfen.

Wie viele Pfeilgiftfrösche ist auch *Excidobates mysteriosus* giftig. Der wissenschaftliche Artname (*excido* für vergessen, *bates* für Wanderer, *mysteriosus* für geheimnisvoll) bezieht sich auf die lange ungeklärte Verwandtschaft zu den anderen Baumsteigern, die daraus resultierende Wanderung innerhalb der wissenschaftlichen Systematik und die unbekannte Lebensweise. Der Frosch wurde zwar bereits in den 20er Jahren des 20. Jahrhunderts erstmals entdeckt, geriet aber in Vergessenheit und wurde so erst nach seiner Wiederentdeckung 1982 wissenschaftlich beschrieben.

Art, Familie *Excidobates mysteriosus*, Baumsteigerfrösche (Dendrobatidae) | **Vorkommen** Peru: am Rio Marañón | **Habitat** Bergregenwälder, hier eher die trockeneren Hangseiten | **Größe** bis 30 Millimeter | **Nahrung** Insekten, Spinnentiere | **Bedrohungsstatus** nach Roter Liste stark gefährdet, Population abnehmend | **Merke** Schönheit kann verhängnisvoll sein!

67_Marmormolch

Ein unverwechselbarer Molch

Was für ein schön gefärbter Molch! Schwarzgrauer Grund mit Marmorierung in Hellgrün bis Oliv auf granulierter Haut. Hinter dem Kopf beginnt ein auffälliger gelb- bis orangebrauner Aalstrich. Die Unterseite ist schwarzbraun bis schwarzgrau, zum Teil mit weißen Pünktchen. Der seitlich abgeflachte Schwanz hat vom Schwanzansatz bis zur -spitze einen hellen Streifen. Das ist die Landtracht, in der beide Geschlechter gleich aussehen, wenn auch die Damen ein bisschen größer sind. Die Zeichnung ist individuell und macht jeden Molch einzigartig. In dieser Phase sind die Tiere nachtaktiv. Mit der Umwandlung zur Wassertracht sind die Tiere sowohl tagsüber als auch nachts unterwegs. Der Marmormolch ist mit dem bei uns heimischen Kammmolch verwandt. Und das sieht man, wenn der Molchmann sich in seine Wassertracht wirft. Ihm wächst ein sich hoch aufwölbender Kamm ohne Zacken, der eine Einkerbung am Körperende zeigt und sich etwas flacher als Schwimmsaum oberhalb und unterhalb bis zum Schwanzende zieht. Kamm und Schwimmsaum sind marmoriert. Mit dieser Verwandlung erscheint unser Molch jetzt von der Seite betrachtet wie ein Mini-Saurier.

Eine Arbeitsgruppe hat das Wanderverhalten der Marmormolche zu den Laichgewässern untersucht. Mittels besenderter Tiere stellte sie fest, dass diese Lurche sich etwa 59,5 Meter vom Laichgewässer entfernt einen Unterschlupf gesucht hatten. Von hier galt es, den Weg zum Gewässer zu finden. Wie zu erwarten war, nutzen die Molche unterschiedliche Hinweise. Sie richten sich nach dem Stand der Sonne zum Horizont, nach Gerüchen und nach Landmarken. Was aber überraschte, war eine völlig andere Orientierungshilfe, nämlich das Rufen der im selben Lebensraum vorkommenden Kreuzkröte (*Epidalea calamita*) aus den Laichgewässern heraus. Die entfernte Verwandtschaft gibt also akustische Signale, die der Molch anpeilt. Auf Verwandtschaft ist halt doch Verlass!

Art, Familie *Triturus marmoratus*, Echte Salamander (Salamandridae) | **Vorkommen** Westfrankreich, Teile Spaniens, Portugal | **Habitat** Teiche, Seen, langsam fließende Gewässer, Sümpfe, Tümpel | **Größe** 160 Millimeter | **Nahrung** Insekten, Würmer, aquatische Insektenlarven, Maden | **Bedrohungsstatus** nach Roter Liste nicht gefährdet, Population abnehmend | **Merke** Der Ruf der Kröte gibt die Richtung an!

68 Marmor-Querzahnmolch

Manche Familienmitglieder sind eben anders

Querzahnmolch. Was für ein seltsamer Name, der sich erst auf den zweiten Blick erklärt, denn hier sind die Gaumenzähne gemeint, die in Reihen quer zum Gaumen angeordnet sind. Der Marmor-Querzahnmolch wiederum heißt wegen seiner Optik so. Markantes Merkmal ist die hell-dunkel marmorierte Musterung. Er toleriert deutlich trockenere Habitate als seine Familienmitglieder und findet sich sogar an Sanddünen in Wäldern.

Als ausgesprochen terrestrisches Tier geht er so weit, dass Balz und Paarung und die Eiablage an Land stattfinden. Auch hier lebt er ganz im Gegensatz zu den anderen Mitgliedern seiner Familie, die das alles im Wasser durchexerzieren. Die Eier werden in Mulden abgelegt, die von Laubstreu, Totholz oder Steinen überdeckt sind, und vom Weibchen bewacht – eine weitere Ausnahme unter den Amphibien, da Eier sonst meistens unbewacht bleiben. Dabei werden Fressfeinde abgewehrt, das Gelege wird vor Austrocknung und Verpilzung geschützt, und unbefruchtete und abgestorbene Eier werden entfernt. Der Austrocknung wird entgegengewirkt, indem das Weibchen das Gelege bei Bedarf mit Flüssigkeit aus seiner Kloake benetzt.

Mit dem Einsetzen von Regenfällen werden die Laichmulden überflutet, die Larven schlüpfen und können sich dann im Wasser weiterentwickeln. Wie bei den anderen Schwanzlurchen auch entwickeln sich zunächst die Vorder- und dann die Hinterbeine. Dies macht sie leicht unterscheidbar gegenüber den Froschkaulquappen, bei denen sich erst die Hinterbeine ausbilden. Für die Geschwister eher unangenehm ist, dass die rein carnivoren (fleischfressenden) Larven auch gern mal Beute unter der eigenen Verwandtschaft machen, also durchaus kannibalisch sind. Der Marmor-Querzahnmolch ist bisher nicht bedroht. Da er zur Reproduktion auf Niederschläge zu bestimmten Zeiten angewiesen ist, macht ihm aber der Klimawandel in einigen Gegenden bereits zu schaffen.

Art, Familie *Ambystoma opacum*, Querzahnmolche (Ambystomatidae) | **Vorkommen** östliche USA im Viereck Boston, Jacksonville, Houston und Chicago | **Habitat** verschiedene Wald-, Feucht- und Sumpfgebiete | **Größe** bis 120 Millimeter | **Nahrung** Würmer, Schnecken, Insekten, Spinnentiere | **Bedrohungsstatus** nach Roter Liste nicht bedroht | **Merke** Man kann sich die Familie nicht aussuchen!

69 Mittlerer Armmolch

Amerikas Aal, der keiner ist

Sie ähneln einem Aal, dennoch sind Armmolche große, aquatisch lebende Salamander, die eher selten einem Angler ins Netz gehen. Unter den drei Arten der Familie der Armmolche ist *Siren lacertina* mit maximal 70 Zentimetern die größte Art. Die dritte Art, *Siren reticulata*, wird rund 60 Zentimeter lang und wurde erst 2018 beschrieben. Damit war dies seit 100 Jahren das größte Wirbeltier, das in den USA jüngst neu beschrieben wurde. Alle drei Arten haben einen langen Schwanz. Auf diesen entfallen beim Mittleren Armmolch bis zu 25 Prozent seiner Gesamtlänge.

Armmolche bleiben ihr Leben lang in der Larvengestalt mit äußeren Kiemen und werden dennoch geschlechtsreif (Neotenie). Ihre einzigen Extremitäten sind zwei sehr kurze Vorderbeine, mehr gibt es nicht, denn die Hinterbeine sind vollständig zurückgebildet. Aber mit Hilfe ihres paddelartigen Schwanzes können sie sich im Wasser hervorragend fortbewegen. Als Anpassung an die aquatische Lebensweise können die Tiere mit dem Seitenlinienorgan Wasserbewegungen registrieren, und ein modifiziertes Jacobson-Organ könnte dazu dienen, elektrische Felder wahrzunehmen.

Da sie stets in Gewässern mit schlammigen Böden leben, in die sie sich hineinwühlen, werden sie auch Schlammaale genannt. In einen eigens produzierten Schleimkokon eingehüllt, können sie im Schlamm sogar ein längeres Trockenfallen des Gewässers überleben. Anstelle von Zähnchen haben sie eine Art Hornschnabel. Obwohl die olivgrünen, dunkelgrauen bis schwarzen, teils gefleckten Tiere immerhin eine beachtliche Größe aufweisen, ist wenig über ihr Verhalten bekannt. Die Weibchen legen nach gemeinsamem Umherschwimmen und Schwänzeln mit dem Partner bis zu 300 Eier in einem vom Männchen erbauten Nest ab, die im Anschluss äußerlich befruchtet werden. Das Männchen bewacht das Nest und kümmert sich um das Wohlergehen der Eier und Larven.

Art, Familie *Siren intermedia*, Armmolche (Sirenidae) | **Vorkommen** USA: Küstenebene von Virginia bis Florida und Texas; Nordmexiko | **Habitat** diverse ruhig und langsam fließende Gewässer | **Größe** 18–69 Zentimeter, je nach Unterart | **Nahrung** Schnecken, Krebstiere, Insekten, im Wasser lebende Wirbellose | **Bedrohungsstatus** nach Roter Liste nicht gefährdet | **Merke** Manche Population wurde bereits durch den Verlust von Feuchtgebieten reduziert.

70 Moorfrosch

Kleines blaues Wunder

Mit den Springfröschen und Grasfröschen gehört der Moorfrosch zu den Braunfröschen. Dies ist allerdings nur eine Sammelbezeichnung, die Arten der Echten Frösche zusammenfasst, die Gemeinsamkeiten aufweisen. Rein optisch machen die Moorfrösche eher wenig her und sind unauffällig. Scheinbar um den Damen zu gefallen, lässt sich der hell- bis dunkelbraun gefärbte kleine Frosch daher etwas einfallen – blau soll es sein!

Der blaue Anteil des Farbspektrums (450–490 Nanometer) kann von den meisten Tierarten wahrgenommen werden. Doch wie schafft es der Moorfrosch, blau zu werden? Während gelbe, rote und orange Farbtöne im Tierreich häufig sind und durch Pigmente wie Carotinoide gebildet werden, erfordert die Farbe Blau eine komplexere Chemie. Strukturfarben hingegen werden durch optische Interferenzen hervorgebracht und können auch durch Veränderungen in der Struktur der Haut hervorgerufen werden. So wird häufig Ultraviolett, Violett und Blau erzeugt. Männliche Moorfrösche machen einen teilweisen bis vollständigen Farbwechsel von Braun zu Blau durch. Wie diese Blaufärbung der Männchen genau zustande kommt, bleibt bislang noch das Geheimnis der Frösche. Hierzu gibt es verschiedene Hypothesen. Blaue Männchen haben gleichzeitig eine höhere Körpertemperatur. Dies könnte die Theorie unterstützen, dass durch die Körperwärme spezielle Pigmentzellen angeregt werden, die für die Blaufärbung sorgen.

Spannend ist aber die Erkenntnis, dass die blaue Farbe die Weibchen kaltlässt. Denn diese paaren sich genauso gern mit den noch normal gefärbten Männchen. Untersuchungen lassen vermuten, dass die Blaufärbung eher ein Signal für andere paarungswillige Männchen ist, sich nicht aus Versehen mit einem anderen Männchen zu paaren. Das wäre im Sinne der Fortpflanzung reine Zeit- und Energieverschwendung. Die Vorwarnung dient der Allgemeinheit.

Art, Familie *Rana arvalis,* Echte Frösche (Ranidae) | **Vorkommen** Osteuropa bis Sibirien | **Habitat** Nieder- und Hochmoore, Lebensräume mit hohem Grundwasserstand | **Größe** 60 – 80 Millimeter | **Nahrung** Insekten | **Bedrohungsstatus** sehr stark bedroht, streng geschützt durch das Bundesnaturschutzgesetz | **Merke** Die Herren sind nur zur Paarungszeit blau.

71 Neuguinea-Riesenlaubfrosch

Von wahrer Größe

Der Inbegriff eines typischen Frosches: leuchtend grün, mit großen Haftscheiben an den Fingern und Zehen und großen, runden Augen. Der Neuguinea-Riesenlaubfrosch ist ein Laubfrosch wie gemalt. Dazu noch eine schön weiß gefärbte Unterlippe, die dem Frosch im englischsprachigen Raum den Namen Weißlippen-Baumfrosch einbrachte. Allerdings gibt es auch bräunlich gefärbte Tiere.

Seine Rufe, die eher an ein Klopfen erinnern, sind so laut, dass man in der Nähe eines rufenden Frosches sicher kaum mehr schlafen kann. Mit diesen ohrenbetäubenden Lauten locken die Männchen in Ufernähe sitzend die Weibchen an. Die Paarung wird durch heftige Regenfälle eingeläutet. Ein Weibchen kann bis zu 2.000 Eier ablegen. Die Eier werden als Laichballen ins Wasser gelegt, meist zu mehreren hundert. Die nach drei bis fünf Tagen geschlüpften Larven entwickeln sich innerhalb von zwei Monaten. Aber Achtung: Die jungen Frösche müssen sich dann ganz besonders vor ihren erwachsenen Artgenossen in Acht nehmen, denn diese verspeisen bevorzugt Frösche! Und da machen sie auch vor dem eigenen Nachwuchs nicht halt. Aber zu diesem Zweck werden ja gleich mehrere tausend Eier produziert. Sind keine Frösche verfügbar, begnügt sich der Riesenlaubfrosch mit kleinen Vögeln und diversen Wirbellosen als Snack.

Als anpassungsfähiger Kulturfolger ist er auch außerhalb seines natürlichen Habitats, beispielsweise in Plantagen oder Gärten, anzutreffen. Dies allerdings eher nach Sonnenuntergang, da der große grüne Geselle nachtaktiv ist. Dank ihrer Anpassungsfähigkeit ist diese Art nicht bedroht und die Population stabil. Da die Tiere praktisch auch noch Selbstversorger sind, muss man sich vorerst um den Fortbestand dieser hübschen großen Frösche keine Sorgen machen. Auch mal schön.

Art, Familie *Nyctimystes infrafrenatus,* Australische Laubfrösche (Pelodryadidae) | **Vorkommen** Neuguinea, Nordaustralien, einige Inseln Indonesiens wie die Molukken-Inseln Halmahera, Seram, Buru, die Talaud-Inseln wie Karakelong und das Bismarck-Archipel sowie die Insel Timor | **Habitat** tropischer Regenwald, Plantagen, Gärten | **Größe** Männchen bis 11 Zentimeter, Weibchen bis 13,5 Zentimeter | **Nahrung** Amphibien, Wirbellose, kleine Vögel | **Bedrohungsstatus** nach Roter Liste nicht gefährdet | **Merke** Dieser Frosch ist selbst ein Froschliebhaber, kulinarisch gesehen.

72 Nördlicher Kammmolch

Der Teilzeit-Wasserdrache

Der Kammmolch ist der seltenste unserer heimischen Molche. Korrekter muss er aber als Nördlicher Kammmolch bezeichnet werden. Der größte der heimischen Molche ist zu einer bestimmten Zeit im Jahr einem Drachen sehr ähnlich. Je nach Vorstellungskraft des Betrachters natürlich. Die Molche haben eine leicht warzige, graubraun bis schwarz gefärbte Haut. Der orangegelbe Bauch hat schwarze Flecken, die sich bis auf die Körperseiten ausdehnen. Das Fleckenmuster ist individuell verschieden, und einzelne Tiere können anhand von Fotos wiedergefunden werden. So können Forscher einzelne Populationen beobachten und deren Entwicklung dokumentieren.

An Land verbergen sich Kammmolche unter Wurzeln, Steinen, Holz und in Erdlöchern, und aufgrund ihrer nachtaktiven Lebensweise sind sie eher unauffällig. Viel lieber bleiben die Molche aber im Wasser, hier finden auch das komplexe Balzritual und die Paarung statt. Während der Paarungszeit bilden die Männchen einen imposanten gezackten Rückenkamm aus. Dieser Kamm ist an der Schwanzwurzel unterbrochen und verläuft auf dem Schwanz weiter bis zu dessen Spitze. Die Schwanzseite zeigt ein silbrig schimmerndes helles Band, den sogenannten Milchstreifen.

Die weiblichen Kammmolche setzen in einer Saison Hunderte Eier ab. Diese werden meistens an Wasserpflanzen angeheftet, besonders beliebt bei den Weibchen ist der Flutende Schwaden *Glyceria fluitans*. Blätter von Wasserpflanzen werden von den Weibchen wie eine Tasche schützend um die Eier gelegt. Innerhalb von vier Monaten entwickeln sich – je nach Wassertemperatur – die Larven. Kammmolchlarven lassen sich von anderen Molchlarven sehr gut durch ihre Größe unterscheiden, sie sind mit bis zu 80 Millimetern die Größen-Spitzenreiter. Wenn die Paarung der Kammmolche Mitte April stattgefunden hat, verlassen die jungen Molche ab August das Wasser. An Land suchen sie rasch schützende Verstecke auf.

Art, Familie *Triturus cristatus,* Echte Salamander (Salamandridae) | **Vorkommen** Nord- und Westeuropa, Ausnahme: Irland | **Habitat** Misch- und Laubwald, offene Landschaften wie Wiesen, Gärten, bevorzugt warme, gut bewachsene Gewässer | **Größe** Männchen 100–180 Millimeter, Weibchen 110–200 Millimeter | **Nahrung** Insekten, deren Larven, Kleinkrebse, Wanzen, Nacktschnecken, Regenwürmer, Kaulquappen anderer Amphibien | **Bedrohungsstatus** streng geschützt nach dem Bundesnaturschutzgesetz | **Merke** Auch Drachen können schüchtern sein.

73 Orangepunkt-Glasfrosch

Der Durchsichtige aus dem Regenwald

Dieser dunkel- bis lindgrüne Glasfrosch sieht aus, als hätte man ihn mit orangefarbenem Kristallzucker bepudert. Der Körper des kleinen Frosches ist mit orangegelben Punkten bedeckt. Hände und Füße des hübschen Frosches sind gelblich gefärbt. Diese Art gehört zu einer der beiden Unterfamilien der Glasfrösche, nämlich zu der mit insgesamt 119 Arten größeren, den Centrolenidae. Ihr Gattungsname *Sachatamia* stammt aus der Quechua-Sprache der indigenen Völker und leitet sich von den Wörtern »sacha« für Wald und »tamia« für Regen ab. Der Gattungsname verweist somit auf den Lebensraum dieser Froschart, den tropischen Regenwald.

Die Tiere leben in Höhen von 360 bis 1.400 Metern über dem Meeresspiegel an den östlichen Hängen der Zentralkordillere in Kolumbien. Dies ist eine Bergkette vulkanischen Ursprungs und ein Teil der Anden. Die einzelnen Populationen sind hier verteilt und relativ isoliert. Die Eigelege werden auf Blättern abgelegt, die wiederum bis zu zwei Meter hoch über einem Gewässer hängen. Die beste Entwicklungsrate haben die Eier bei Temperaturen zwischen 15 und 27 Grad Celsius. Die schlüpfenden Larven fallen ins Wasser und graben sich hier im Gewässergrund ein.

Diese Glasfroschart wurde erst 1995 wissenschaftlich beschrieben. Das verwundert aber nicht, denn bis heute werden regelmäßig neue Glasfroscharten entdeckt. Die Wissenschaft erkannte erst 1951, dass diese Gruppe etwas Besonderes ist und systematisch eine eigenständige Einheit benötigt. Zuvor wurden die Glasfrösche den Ruderfröschen (Rhacophoridae) zugeordnet. Ebenso wie viele andere Glasfrösche hat auch der Orangepunkt-Glasfrosch grüne Knochen, was durch Einlagerung von Gallensalzen hervorgerufen wird. Eine Gemeinsamkeit der Glasfrösche ist zudem, dass die beiden für Frösche charakteristischen länglichen Sprunggelenksknochen (das Tibiale und das Fibulare) zu einem einzigen Element verschmolzen sind.

Art, Familie *Sachatamia punctulata*, Glasfrösche (Centrolenidae) | **Vorkommen** Kolumbien | **Habitat** tropischer Bergregenwald, Vegetation über Bächen | **Größe** 27–31 Millimeter | **Nahrung** kleine Insekten | **Bedrohungsstatus** nach Roter Liste gefährdet, Population abnehmend | **Merke** Grüne Knochen sind ein Markenzeichen vieler Glasfrösche.

74 Panama-Stummelfußfrosch

Ikone auf vier Beinen

Auch wenn dieser Frosch in Wahrheit eine Kröte ist, könnte sein Erscheinungsbild kaum weniger an eine Kröte erinnern. Zudem ist die goldene Kröte Panamas eine Ikone ihres Landes. Sie ist das Symbol für eine glückliche Zukunft, und ihr Konterfei wird daher sogar auf Lotteriescheine gedruckt. Nur leider hat das dieser kleinen Kröte noch keiner verraten. Denn der wunderschön gelb-schwarz gefärbte Vertreter der Stummelfußkröten ist selbst kritisch von Ausrottung bedroht.

Dabei ist die Kröte, wie ihr warnendes Erscheinungsbild schon vermuten lässt, der giftigste Vertreter der gesamten Gattung und könnte daher durchweg auf gute Überlebenschancen hoffen. Das Gift eines Amphibs dieser Art, das auf dem Alkaloid Zetekitoxin AB basiert, könnte 1,2 Mäuse töten. Das hilft den Tieren jedoch nicht gegen einen beinahe unsichtbaren Feind: einen Pilz aus der Gattung der Töpfchenpilze mit dem Zungenbrecher-Namen *Batrachochytrium dendrobatidis*, kurz Chytridpilz oder für ganz Eilige *Bd*. Dieser Pilz, der die Haut der gegen ihn wehrlosen Tiere befällt, hat dafür gesorgt, dass die gesamte Gattung *Atelopus* die gefährdetste Amphibiengattung aller bekannten Gattungen ist. *Atelopus zeteki* ist daher in der Natur beinahe ausgerottet. Der bedrohliche und für die meisten Amphibien tödliche Pilz sorgt bereits seit Jahrzehnten weltweit für einen massiven Rückgang ganzer Amphibienpopulationen. Zahlreiche internationale Forscherteams versuchen, seiner Verbreitung Einhalt zu gebieten.

Die Gattung der Stummelfußkröten war die erste der Amphibiengattungen, deren massiver Rückgang maßgeblich auf die Infektion mit dem Chytridpilz zurückgeführt wurde, und ist somit zum Symbol des Kampfes gegen die durch den Pilz hervorgerufene Amphibienkrankheit Chytridiomykose geworden. *Atelopus zeteki* steht also auch für eine glücklichere Zukunft der Amphibien.

Art, Familie *Atelopus zeteki*, Kröten (Bufonidae) | **Vorkommen** Panama | **Habitat** Regenwald, Nebelwälder in Höhen über 1.300 Meter | **Größe** 35–55 Millimeter | **Nahrung** kleine Wirbellose | **Bedrohungsstatus** nach Roter Liste kritisch von Ausrottung bedroht, Population abnehmend | **Merke** Glück verheißende Kröte ohne eigenes Glück.

75 Pátzcuaro-Querzahnmolch

Von Hustensaft und ewiger Jugend

Auf 1.920 Metern liegt im Gebirge Mexikos im Bundesstaat Michoacán der Pátzcuaro-See mit einer Fläche von 126,4 Quadratkilometern und einer durchschnittlichen Tiefe von 4,7 Metern. In diesem See – und zwar ausschließlich hier (endemisch) – lebt ein merkwürdig aussehender Molch, der Pátzcuaro-Querzahnmolch. An beiden Seiten des Kopfes trägt er fransige dunkle Büschel. Diese Büschel sind die Außenkiemen. Der Körper ist einheitlich oliv gefärbt, teilweise mit einer leichten Tüpfelung. Seine Finger- und Zehenspitzen sind schwarz gefärbt. Ein hoher Schwimmsaum umgibt den Schwanz. Er ist eine riesige Molchlarve, aber – und auf dieses Aber kommt es an – das Tier ist bereits geschlechtsreif. Der Lurch erhält sich also seine ewige Jugend (Neotenie). Eine Unterfunktion der Schilddrüse bewirkt das Ausbleiben der Metamorphose in einen Landgänger und zwingt den Lurch zu einer rein aquatischen Lebensweise.

Die Ordensschwestern der Basilika »Unserer Lieben Frau der Gesundheit« machen schon seit über 100 Jahren aus dem Schleim der Molche einen Hustensaft, den sie vermarkten. Sie bemerkten einen stetigen Rückgang der Fangquoten. Das Anwachsen der Bevölkerung rund um den See mit einer entsprechend vermehrten Abfischung der Tiere als Nahrungsmittel ließ die Populationszahlen einbrechen. Umweltverschmutzung, Seeverlandung und Einschleppung von Raubfischen taten ein Übriges, um den Bestand der endemischen Molche an den Rand der Ausrottung zu führen. Die Nonnen befürchteten den Verlust der Einnahmen durch den Verkauf des Hustensaftes. Um den Nachschub an Schleim zu gewähren, begannen sie 2009, die Tiere nachzuzüchten. Für den Molch war das die Rettung im allerletzten Moment, denn der Pátzcuaro-Querzahnmolch gilt heute in der Natur als fast ausgestorben. So ist es den Nonnen zu verdanken, dass uns die Art *Ambystoma dumerilii* erhalten bleibt.

Art, Familie *Ambystoma dumerilii*, Querzahnmolche (Ambystomatidae) | **Vorkommen** Mexiko: Pátzcuaro-See | **Habitat** Gebirgssee | **Größe** bis 470 Millimeter | **Nahrung** Zwergkrebse, Würmer, Insektenlarven | **Bedrohungsstatus** nach Roter Liste kritisch von Ausrottung bedroht, Population abnehmend | **Merke** Ein Hustensaft rettet dem Molch das Leben.

76__Pazifischer Riesensalamander

Verfressener Riese an Land

Diese Salamander weisen nicht nur eine beachtliche Körpergröße auf und gehören damit zu den größten landlebenden Salamandern der Welt, sie sind auch noch hübsch anzusehen. Ihr stämmiger Körper zeigt ein schönes Marmormuster in rotbraunen bis violetten Farbtönen mit schwarzer Zeichnung. Diese Muster sind individuell verschieden und variieren zudem von Population zu Population.

Zur Abwechslung müssen sich Artenschützer um diese Amphibienart vorerst keine Sorgen machen, da sie in beträchtlicher Zahl in vielen stabilen Populationen entlang ihres großen Verbreitungsgebietes vorkommen. Um weiterhin das Überleben dieser beeindruckenden Tiere sicherzustellen, ist es allerdings wichtig, dass die Bäche für die Larven sauber und klar bleiben und die Wälder nicht abgeholzt werden. Die um die 30 Zentimeter langen Larven bevorzugen sauerstoffreiche, kühle und schnell fließende Bachläufe in der Nähe oder inmitten von Wäldern. Die erwachsenen Tiere halten sich tagsüber in der Nähe der Bäche unter Steinen, umliegenden Baumstämmen oder in anderen feuchten Verstecken verborgen und gehen zumeist in der Nacht auf die Jagd. Dieser Salamander zeichnet sich nämlich nicht nur durch sein hübsches Äußeres aus, sondern auch durch seinen enormen Appetit. Er frisst im Prinzip alles, was er überwältigen kann, dabei steigt der Riese sogar kleinen Mäusen nach und macht auch vor Schlangen nicht halt.

Dass der wehrhafte Salamander, der auch uns Menschen schmerzhafte Bisse zufügen kann, sogar Schlangen verspeist, wurde bisher zwar nur selten beobachtet, konnte aber immerhin anhand von Museumsmaterial belegt werden. Mit dem sehr ähnlichen Kalifornischen Riesensalamander (*Dicamptodon ensatus*) kann sich der Pazifische Riesensalamander im überlappenden Verbreitungsgebiet vermischen und Hybride zeugen.

Art, Familie *Dicamptodon tenebrosus,* Pazifische Riesensalamander (Dicamptodontidae) | **Vorkommen** südwestliches British Columbia (Kanada) bis zur Nordküste von Kalifornien (USA) | **Habitat** feuchte Wälder, klare Bäche | **Größe** 20–35 Zentimeter | **Nahrung** Amphibien, Kaulquappen, Schnecken, kleine Landwirbeltiere | **Bedrohungsstatus** nach Roter Liste nicht gefährdet | **Merke** Klare, sauerstoffreiche Bäche mit bewaldeten Ufern werden bevorzugt!

77 Pazifischer Schwanzfrosch

Ein unanständiger Frosch?

Wer hätte das gedacht? Da gibt es an der amerikanischen Nordwestküste doch wirklich einen Frosch mit Schwanz! Das trifft allerdings nur auf die Jungs zu. Von oben sieht es so aus, als hätten sie sich einen kleinen Schwanz bei der Metamorphose erhalten. Bei genauerer Betrachtung stellt sich jedoch heraus, dass es sich bei dem Schwänzchen um eine Verlängerung der Kloake handelt. Die Schwanzfrösche leben fast ausschließlich aquatil in sehr schnell fließenden Flüssen. Die starke Strömung würde eine normale Befruchtung der Eier bei der Paarung verhindern. Mittels des Schwänzchens kommt es bei den Schwanzfröschen zur inneren Befruchtung.

Um es einmal vulgär auszudrücken – ich bitte um Entschuldigung: Der Schwanzfrosch kann nicht nur schwänzeln, sondern auch vögeln! Sie machen also richtigen, wilden Sex. Zunächst umklammert der kleine Casanova seine Angebetete rücklings in der Lendenregion, um sie dann herumzuwirbeln und – jetzt Bauch an Bauch – mit der Paarung fortzufahren. In dieser Position führt der kleine Kerl sein Schwänzchen in die Kloake des Mädels ein. Er drückt die Dame runter, um für das Zustoßen eine bessere Hebelwirkung zu erzielen.

Dieses Liebesspiel findet im Frühherbst statt. Da die Winter im Nordwesten Nordamerikas sehr streng und kalt werden können, speichert das Weibchen das Sperma bis zum nächsten Sommer. Erst dann laicht es ab und klebt die circa 30 bis 50 Eier an der Unterseite großer Steine im Fluss an. Das kalte Wasser in den Flüssen verlangsamt die Entwicklung der Kaulquappen, sodass sie ein bis vier Jahre bis zur Metamorphose benötigen. Die Kaulquappen tragen als Anpassung an die hohe Fließgeschwindigkeit einen Saugmund, womit sie sich an Steinen anheften können, um nicht zu verdriften. Geht man in einem dieser Flüsse im Sommer baden, kann es passieren, dass sich so eine Kaulquappe an einem festsaugt.

Art, Familie *Ascaphus truei*, Schwanzfrösche (Ascaphidae) | **Vorkommen** Nordwest-USA: Washington, Oregon, Kalifornien, Idaho, Montana; Südwest-Kanada: British Columbia | **Habitat** schnell fließende, kalte Gebirgsflüsse | **Größe** 25 – 50 Millimeter | **Nahrung** Insektenlarven, Insekten, Spinnen, Schnecken | **Bedrohungsstatus** nach Roter Liste nicht gefährdet | **Merke** Wer lang hat …

78__Rauer Flechtenfrosch

Flechte, Vogelkot, Frosch? Wer weiß das schon?

So zu tun, als wäre man Baumrinde, ist unter Wirbellosen wie Insekten und Spinnen recht weit verbreitet. Besser nicht auffallen, lautet die Devise! Bei den Wirbeltieren ist das weniger häufig. Manche Mitglieder der Gattung *Theloderma* schauen wie Moos aus, der Raue Flechtenfrosch und der nahe verwandte Schwimmhaut-Flechtenfrosch jedoch imitieren ein flechtenbewachsenes Stück Baumrinde oder Felsen, und das betreiben beide Arten in Perfektion. Dazu kommt noch, dass die Tiere sich gern in kleinen Wasserreservoirs aufhalten oder sich von fließendem Wasser überlaufen lassen. Dann ist der kleine Frosch extrem schwer zu finden, sogar im Terrarium.

In der Natur kann man beide Arten auch mit Vogelkot verwechseln, weshalb der Raue Flechtenfrosch im Englischen auch zutreffend, aber wenig höflich als Birdshit-Treefrog oder Bird-Poop-Frog bezeichnet wird. Der wissenschaftliche Artname weist darauf hin, dass die Hautoberfläche kleine Erhebungen und Falten aufweist, was wiederum der Auflösung von Konturen und damit der Tarnung dient. Die Vermehrung erfolgt in wassergefüllten Baumhöhlen, aber häufig auch in herumstehenden Plastikgefäßen, manchmal sogar in Häusern.

Vom Rauen Flechtenfrosch wird eine weitere Besonderheit berichtet: Wird er abends gefüttert, beginnt er mit den Hinterbeinen zu »winken«. Bislang ist ungeklärt, ob es sich hierbei um innerartliche Kommunikation handelt – wie zum Beispiel bei den Winkerfröschen der Gattung *Staurois* – oder um ein Verhalten im Zusammenhang mit dem Beuteerwerb. Es sieht aber unfassbar nett aus!

Innerhalb der Gattung *Theloderma* war der Raue Flechtenfrosch die erste Art, bei der Kommentkämpfe beobachtet wurden. Hierbei handelt es sich um stark ritualisierte und nach strikten Regeln ablaufende Auseinandersetzungen, bei denen die Verletzungsgefahr für die beteiligten Tiere sehr gering ist und dennoch die Rangordnung festgelegt wird.

Art, Familie *Theloderma asperum*, Ruderfrösche (Rhacophoridae) | **Vorkommen** Birma, China, Indien, Laos, Malaysia, Sumatra, Thailand, Vietnam | **Habitat** tropische Tiefland- und Bergregenwälder, bis 1.400 Höhenmeter | **Größe** bis 35 Millimeter | **Nahrung** Insekten, Spinnentiere | **Bedrohungsstatus** nach Roter Liste nicht gefährdet, Population abnehmend | **Merke** Vogelkot muss nicht immer Vogelkot sein!

79_Rauhäutiger Gelbbauchmolch

Der Westküsten-Molch

Der Rauhäutige Gelbbauchmolch ist an der Westküste Nordamerikas weit verbreitet und besiedelt verschiedene Lebensräume. Somit gehört er zu den wenig gefährdeten Arten unter den Amphibien. Ein wiederkehrendes Thema bei Amphibien ist Gift. Beim Gelbbauchmolch muss dieses Thema auch angesprochen werden, denn er gehört zu den giftigsten Schwanzlurchen Nordamerikas, wenn nicht überhaupt, und zu den wenigen Schwanzlurcharten weltweit, durch die bereits Menschen nachweislich zu Tode gekommen sind.

Immer wieder taucht bei den besonders giftigen Tieren das auch in diesem Buch bereits erwähnte und hochwirksame Tetrodotoxin auf. Dieses wird wahrscheinlich durch Bakterien produziert, die von den Tieren aufgenommen werden. Dafür spricht auch, dass im Terrarium gezüchtete Molche der Gattung *Taricha* nicht mehr tetrodotoxisch sind. Dietrich Mebs, ein bekannter Toxikologe, berichtet in »Gifttiere – Handbuch für Biologen, Toxikologen, Ärzte und Apotheker« gleich von zwei Vergiftungen, die durch das Verschlucken von *Taricha granulosa* als Mutproben entstanden sind. Zitat Mebs: »… wobei auch reichlich Alkohol konsumiert wurde.« Anders auch nicht zu erklären! Es wurden in beiden Fällen jeweils fünf Tiere verzehrt. Ein Patient verstarb, der zweite überlebte mit vergleichbar geringen Vergiftungserscheinungen, was für sehr unterschiedliche Giftkonzentrationen in den Molchen spricht.

Dies zeigt auch eine Räuber-Beute-Beziehung: Einer der wenigen Fressfeinde des Gelbbauchmolches ist die Strumpfbandnatter *Thamnophis sirtalis*. Verzehrt sie einen Molch, muss sie in einer mehrstündigen Ruhephase das Gift »verdauen«. Dort, wo sie auftritt, lässt sich ein evolutionäres Wettrüsten beobachten: Die Molche werden immer giftiger, die Nattern akzeptieren immer höhere Giftkonzentrationen.

Art, Familie *Taricha granulosa*, Echte Salamander (Salamandridae) | **Vorkommen** Pazifikküste Nordamerikas: südliches Alaska bis Kalifornien, bis maximal 250 Kilometer ins Landesinnere | **Habitat** hügelige oder gebirgige Wälder, Grasland oder Weiden | **Größe** bis 220 Millimeter | **Nahrung** Würmer, Insekten, Spinnentiere | **Bedrohungsstatus** nach Roter Liste nicht gefährdet | **Merke** Evolution: Man passt sich halt an!

80 Riesenmakifrosch

Der sieht doch echt knuddelig aus!

Der Riesenmakifrosch ist ein nachtaktiver Bewohner der Regenwälder Amazoniens mit einem großen Verbreitungsgebiet. Als Baumbewohner haben er und seine Verwandten, die Makifrösche, eine interessante Anpassung entwickelt: Die Phalangen, also die Finger und Zehen, lassen sich einander gegenüberstellen, sind also opponierbar. Unser Daumen ist ebenso opponierbar! Dünne Pflanzenteile wie Zweige oder Blattkanten können so umfasst werden, wodurch der Riesenmakifrosch trotz seiner ordentlichen Größe und des dementsprechenden Gewichtes ein ausgezeichneter Kletterer ist. Dabei helfen auch die großen Haftscheiben an den Finger- und Zehenspitzen, die unter den Fröschen allerdings nicht außergewöhnlich sind.

Ein weiterer, wenn auch weniger gebräuchlicher deutscher Trivialname lautet Wachsaffenlaubfrosch. Dies weist darauf hin, dass er sich mit einer wachsähnlichen Schicht überzieht, um sich vor dem Austrocknen zu schützen. Das wird tagsüber nötig, da er sich vergleichsweise trockene Orte für die Tagesruhe aussucht. Diese wächserne Schicht beinhaltet ein Gift, welches beim Konsumenten Hyponatriämie, also eine verminderte Natriumkonzentration im Blut, auslösen kann. Schweres Erbrechen kann ebenfalls Folge des Verzehrs sein.

Erzählungen berichten, dass indigene Bevölkerungsgruppen das Gift zum Beispiel für Reinigungsrituale nutzen. Dafür führt ein Schamane mittels eines glühenden Holzscheits eine Verbrennung beim Patienten herbei. Auf die frische Wunde wird dann das Hautsekret des Riesenmakifrosches aufgebracht, wodurch die Wirkstoffe, sogenannte Opioidpeptide, in den Körper eindringen können. Der Körper soll nicht nur gereinigt werden, das Ritual soll auch Jagdglück, körperliche Stärke und sexuelle Leistungssteigerung erwirken. Also ein Allrounder … Von Selbstversuchen ist aber dringend abzuraten, da tatsächliche Wirkungen medizinisch bisher nicht untersucht wurden!

Art, Familie *Phyllomedusa bicolor*, Greiffrösche (Phyllomedusidae) | **Vorkommen** Amazonasregenwald Brasiliens, Venezuelas, Kolumbiens, Boliviens und Guyanas | **Habitat** tropische Tieflandregenwälder | **Größe** bis 120 Millimeter | **Nahrung** Insekten, Spinnentiere | **Bedrohungsstatus** nach Roter Liste nicht bedroht | **Merke** Den Schamanen nicht alles nachmachen!

81_Rotaugenlaubfrosch

Der Posterboy der Froschwelt

Es gibt wohl kaum einen bekannteren Frosch. Er ist aber auch einer der plakativsten! Mit seiner auffälligen grünen Grundfärbung, der meist blau-gelben Zeichnung auf den Körperseiten und Beinen, den orangefarbenen Füßen und natürlich den herzerwärmenden großen roten Augen scheint er von der Natur als Werbe-Ikone geschaffen worden zu sein. Die großen Augen erfüllen eben das Kindchenschema und machen die Tiere für uns so possierlich.

Diese Färbung ist aber nur auf den ersten Blick sehr markant. Sollten Sie mal versuchen wollen, einen Rotaugenlaubfrosch am helllichten Tage in seinem Habitat zu finden, müssen Sie viel Zeit einplanen. In der tagsüber eingenommenen Ruhestellung zieht der nachtaktive Frosch die Beine so an den Körper, dass die bunten Stellen nicht zu sehen sind, schließt die Augen mit einem leicht transparenten und von goldenen Adern durchzogenen Lid und klebt sich an die Unterseite eines Blattes. Das ist eine nahezu perfekte Tarnung, die es äußerst schwer macht, das Tier zu entdecken.

Die Eiablage findet nicht – wie bei den meisten anderen Fröschen – im Wasser statt. Die Eier werden auf Blättern abgelegt, die über einem Stillgewässer hängen. Sobald die Kaulquappen schlüpfen, fallen sie in ebenjenes Wasser. Erst 2010 wurde entdeckt, dass Rotaugenlaubfrösche nicht nur Geräusche von sich geben. Die Männchen sind in der Lage, Vibrationen zu erzeugen, die in Frequenz und Stärke variieren und über die Blattoberfläche verbreitet werden. Sie dienen dazu, männliche Konkurrenten, die ihnen zu nahe kommen, zu vertreiben, und sind wahrscheinlich die aggressivste Methode, um den Opponenten ohne Gewaltanwendung daran zu hindern, sich zu nähern. Je näher der Konkurrent kommt, desto intensiver wird vibriert. Die Entdecker vermuten, dass diese Methode der Kommunikation unter baumbewohnenden Fröschen weit verbreitet sein könnte. Eine wunderbare Art der Gewaltprävention!

Art, Familie *Agalychnis callidryas*, Greiffrösche (Phyllomedusidae) | **Vorkommen** Yucatán bis Panama | **Habitat** tropische Tieflandregenwälder, auch Bergregenwälder | **Größe** bis 80 Millimeter | **Nahrung** Insekten, Spinnentiere | **Bedrohungsstatus** nach Roter Liste nicht gefährdet, Population abnehmend | **Merke** Auch über die bekanntesten Tiere erfährt man immer wieder Neues!

82 Rote Kröte

Eine unglaubliche Geschichte

An dieser Stelle geht es ausnahmsweise mal um ein einzelnes Individuum einer Art, dessen Geschichte fast unglaublich erscheint und um die Welt ging. Eine Dame unternahm eine wunderbare Reise nach Afrika. Sie verhielt sich vorbildlich und schüttelte jeden Morgen ihre des Nachts draußen geparkten Wanderschuhe aus, vergaß dies aber ausgerechnet am letzten Tag ihres Aufenthalts. So packte sie die Schuhe in den Koffer. Nach der langen Rückreise über Johannesburg und Amsterdam wieder in Deutschland angekommen, tat die Dame das, was man nach einem Urlaub so macht: Wäsche waschen!

Ein Waschgang mit Waschmittel, Entkalker und Schleudergang. Als die Wäsche der Maschine entnommen wurde, erschrak die Besitzerin fürchterlich, denn plötzlich kletterte eine Kröte aus dem Wäschehaufen! An dieser Stelle war das Abenteuer des kleinen Amphibs aber noch nicht vorbei, denn sofort erblickte die Katze des Hauses das Tierchen, packte es und freute sich über das Mitbringsel aus Afrika. Zum Glück konnte die Kröte schnell und unverletzt befreit, eingefangen und im Aquazoo Löbbecke Museum vorgestellt werden. Hier gewährten wir dem tapferen Tier Obdach, und seine Geschichte zog weite mediale Kreise. In einem benachbarten Zoo gab es eine zweite einzelne Rote Kröte mit einer ähnlichen Reisestory, und die beiden einsamen Kröten fanden zusammen.

Die widerstandsfähige Rote Kröte namens »Simba« lebt bis heute im Aquazoo, und die Urlauberin übernahm ihre Patenschaft. Und sogar dieses Happy End war den ein oder anderen Zeitungsartikel wert. Eine Rückführung solcher Tiere in ihre Heimat ist aufgrund der potenziellen Ansteckungsgefahr der heimischen Population durch die Rückkehrer leider nicht möglich. Aber hoffentlich hat das große mediale Interesse dazu beigetragen, dass ab sofort mehr Urlauber vor dem Kofferpacken ihre Schuhe ausschütteln und keine blinden Passagiere mit heimbringen.

Art, Familie *Schismaderma carens*, Kröten (Bufonidae) | **Vorkommen** Tansania, Sambia, Zimbabwe, angrenzende Regionen | **Habitat** Gras- und Waldsavannen, Agrarlandschaften | **Größe** bis 90 Millimeter | **Nahrung** Insekten, Spinnentiere | **Bedrohungsstatus** nach Roter Liste nicht bedroht | **Merke** Solch unfreiwillige kleine Abenteurer gibt es immer wieder! Bitte auf Reisen Schuhe vor Abflug kontrollieren …

83_Roter Wiesensalamander

Rot sieht gut aus, schmeckt aber nicht!

Auffälliger geht es kaum: Orangerot mit kleinen schwarzen Punkten und goldgelben Augen, so kommt der Rote Wiesensalamander daher. Der Rotsalamander, wie der markante Schwanzlurch auch genannt wird, lebt an kühlen und klaren Bächen oder Quellen im Wald. Tagsüber verbirgt er sich am Ufer – unter Laub, zwischen Pflanzen, unter Steinen – oder ruht im Wasser. Zum Einbruch der Dämmerung wird der Rotsalamander aktiv und jagt Insekten, die mit der frei beweglichen Zunge praktisch »abgeschossen« und ins Maul gezogen werden.

Im Alter wird der Salamander dunkler, denn die schwarzen Flecken verschmelzen mehr und mehr miteinander. Man könnte fast sagen, er bekommt Altersflecken. In menschlicher Obhut können die Tiere beachtliche 20 Jahre alt werden. Diese Amphibien gehören zur großen Familie der Lungenlosen Salamander und haben tatsächlich keine Lungen. Doch wie atmet man ohne Lunge? Das können Amphibien ganz entspannt über ihre faszinierende Haut – aber nur so lange, wie diese auch feucht bleibt. Hautatmung ist eine Anpassung, die es Amphibien außerdem gestattet, gelösten Sauerstoff im Wasser aufzunehmen.

Der Rote Wiesensalamander war der erste Lungenlose Salamander, bei dem ein Gift nachgewiesen werden konnte und der als giftig eingestuft wurde. Das Gift, das seine Hautdrüsen produzieren, heißt Pseudotritontoxin und ist besonders in der Rückenhaut zu finden. Der Wiesensalamander drückt mit seiner Körperfarbe bereits aus, dass er wenig schmackhaft ist und sein Verzehr gesundheitliche Folgen für den Beutegreifer haben kann. Zuvorkommend, nicht wahr? In seiner Heimat muss sich der kleine Salamander vor Fressfeinden wie dem Waschbären, dem Stinktier, der Spitzmaus oder Schlangen und Vögeln in Acht nehmen. Bei Gefahr nimmt der Rotsalamander eine Verteidigungshaltung ein: Er rollt seinen Körper ein und legt den Kopf unter den Schwanz. Jäger lernen rasch, dass Rot nicht schmeckt!

Art, Familie *Pseudotriton ruber,* Lungenlose Salamander (Plethodontidae) | **Vorkommen** USA: Süd-New-York bis Süd-Indiana | **Habitat** Laubwälder mit Wiesen, Bächen und Quellen, Sümpfe und Moore | **Größe** bis 180 Millimeter | **Nahrung** kleine Wirbellose, aber auch kleine Amphibien und deren Larven | **Bedrohungsstatus** laut Roter Liste nicht gefährdet, in manchen Bundesstaaten der USA als gefährdet und geschützt eingestuft | **Merke** Ohne Lunge betreibt man Hautatmung!

84 Rotkronen-Scheinkrötchen

Mit Krönchen durchs Leben

Dieses hübsche und auffällig gefärbte Scheinkrötchen ist trotz leuchtend rotem Krönchen bodenständig geblieben. Besonders markant ist sein dreieckiger rotoranger Fleck auf dem Kopf: die Krone. Der restliche Körper ist relativ unauffällig gefärbt, nur den Hinterleib schmückt eine weitere rote Zeichnung. Aber die komplette Bauchseite inklusive der Extremitäten brilliert mit einem hübschen grauweißen Marmormuster.

Diese bemerkenswerten Amphibien sind im besonderen Maße an die Geologie und das Klima ihres Lebensraums angepasst. In ihrer Heimat, einer Region bei Sydney (im sogenannten Sydneybecken), herrscht als oberste, teils sehr mächtige Gesteinsschicht Sandstein vor. Dieser wurde über Jahrtausende von Gewässern geformt, sodass sich an Bächen und Flüssen zahlreiche Mikrohabitate mit unterhöhlten Steinen und kleinen, wasserführenden Höhlen und Gängen bildeten. Hier halten sich die Frösche während der lebensbedrohlichen Trockenzeit auf. Nur um die 20 Eier werden an einer feuchten Stelle unter Laub oder Steinen abgelegt. Der Trick der Tiere ist es, eine Stelle für die Eiablage auszuwählen, an der sich bei Regen ein kleiner Bach oder ein Rinnsal bildet, das den Laich überspült. Dadurch werden die Larven aus den Eiern gelöst – die Kaulquappen schlüpfen und schwimmen in temporäre kleine Tümpel, die sich während der Regenfälle immer wieder füllen.

In der Region um Sydney gibt es besonders im Frühjahr und Sommer starke Regenfälle, die diese Frösche dann auch gleich zur Fortpflanzung nutzen. Problematisch für die Populationen ist die Ausbreitung der Megacity Sydney, die den Tieren unaufhaltsam auf die Pelle rückt. Feuer, Umleiten von Flüssen und Klimawandel sind weitere ernste Bedrohungen.

Art, Familie *Pseudophryne australis,* Australische Südfrösche (Myobatrachidae) | **Vorkommen** Australien: Um das Sydneybecken (Zwischen Blue Mountains, Nowra und Newcastle), New South Wales | **Habitat** Waldrand, unter Steinen und in Höhlen, am Flussufer | **Größe** Männchen 22–28 Millimeter, Weibchen 25–29 Millimeter | **Nahrung** kleine Wirbellose | **Bedrohungsstatus** nach Roter Liste gefährdet, Population abnehmend | **Merke** Wird auch – ganz unroyal – Rotscheitelkröte genannt.

85 Rotrücken-Baumsteiger

Einer schöner als der andere

Der wissenschaftliche Artname *reticulata* bedeutet »genetzt« und wurde wegen der schönen Netzzeichnung auf dem Bauch, den Seiten und Beinen der Tiere gewählt. Dies brachte ihnen auch den Zweitnamen Netzbaumsteiger ein. Während sie sich eher auf dem Boden aufhalten, entdeckt man in höheren Bereichen die sympatrisch vorkommende verwandte Art *Ranitomeya amazonica*. Sympatrisch bedeutet, dass zwei nahe verwandte Arten wie diese beiden Frösche im selben geografischen Gebiet vorkommen. Sie können sich also begegnen und eventuell sogar verpaaren.

Hier findet aber eine ökologische Separation statt, die Tiere besetzen unterschiedliche ökologische Nischen. Bei unserem Beispiel bedeutet das, dass die eine Art sich eher auf dem Boden aufhält, die andere eher auf Bäumen und Sträuchern. Gleiches gilt auch für die Nutzung von Bromelien zur Aufzucht der Jungtiere, denn der Netzbaumsteiger nutzt herabgefallene oder am Boden wachsende Bromelien, *Ranitomeya amazonica* Bromelien der höheren Etagen.

Oft ist dabei aber der Artstatus umstritten, so auch in diesem Fall. Die gesamte Gattung *Ranitomeya* besteht aus sehr kleinen Fröschen. Sie haben unter anderem alle gemeinsam, dass sie mindestens zwei Farben auf ihrem Körper zeigen. Diese werden gemeinhin als Signalfarben gedeutet, da die Frösche alle relativ giftig sind, wenn auch nicht vergleichbar mit den richtig giftigen Pfeilgiftfroscharten wie dem Schrecklichen Pfeilgiftfrosch (siehe Kapitel 88). Solche Warnfarben gibt es im Tierreich recht häufig. Da das giftige Tier vermeiden möchte, überhaupt gebissen zu werden, weil es dadurch ja bereits verletzt werden könnte, zeigt es schon im Voraus deutlich seine Giftigkeit durch sehr auffällige Farben an, und der Angreifer weiß, worauf er sich einlässt. Davon profitieren wiederum andere Tierarten, die Warnfarben aufweisen, obwohl sie gar nicht giftig sind. Dieses Phänomen wird Mimikry genannt.

Art, Familie *Ranitomeya reticulata*, Baumsteigerfrösche (Dendrobatidae) | **Vorkommen** Peru: Unterlauf des Río Huallaga, Ecuador: bei Iquitos | **Habitat** tropische Tiefland- und alte Sekundärregenwälder | **Größe** bis 16 Millimeter | **Nahrung** Insekten, Spinnentiere | **Bedrohungsstatus** nach Roter Liste nicht gefährdet | **Merke** Das mit den Arten ist bei Weitem nicht so einfach, wie man denkt!

86 Salomonen-Blattfrosch

Ein Tarnkünstler in der Laubstreu

Mitten im Pazifik, südöstlich von Neuguinea, liegen die Salomonen: ein souveräner Inselstaat, bestehend aus knapp 1.000 Inseln beziehungsweise Atollen, häufig mit bewaldeter Hügellandschaft. Auf dem Boden ihrer tropischen Regenwälder, versteckt in der Laubstreu und an diese perfekt angepasst, lebt der Salomonen-Blattfrosch. Seine Farbe variiert zwischen Grün, Beige und Braun, mit raffinierten Fleckmustern und Hautleisten. Über den Augen und an der Schnauze befinden sich spitze Fortsätze. Von oben betrachtet wirkt der Kopf dreieckig, und zusammen mit dem Körper sieht man zunächst nur ein Blatt unter vielen Blättern am Boden. Eine perfekte Camouflage. Man muss schon sehr genau hinschauen, um den mit 70 bis maximal 120 Millimetern gar nicht mal so kleinen Frosch erkennen zu können. Besser gelingt es, ihn nachts zu entdecken, denn dann »bellen« die Männchen, um ihre Reviere anzuzeigen und die Damenwelt zu beeindrucken. Dabei blasen sie ihre beiden Schallblasen links und rechts der Kehle heftig auf. Mit seinem imposanten Maul ist der Frosch in der Lage, auch große Beute zu verschlingen. In sein Beuteschema gehören neben Insekten und Spinnen sogar kleine Wirbeltiere, darunter auch mal der ein oder andere kleinere Artgenosse. Da auf den Inseln kleine räuberische Säugetiere fehlen, sind die Salomonen-Blattfrösche in diese Nische gesprungen und haben den Job übernommen.

In Ermangelung stehender Gewässer bei einer gleichzeitig sehr hohen Luftfeuchtigkeit haben die Salomonen-Blattfrösche eine sehr ungewöhnliche Fortpflanzungsbiologie. So legen die Weibchen ihre fünf Millimeter großen weißen Eier in kleinen, feuchten Bodenvertiefungen ab, wo sich die vollständige Entwicklung zum jungen Frosch vollzieht. Ein freies Kaulquappenstadium fehlt jedoch hier, aus den Eiern schlüpfen nach rund 32 Tagen fertige, zehn Millimeter große Blattfrösche!

Art, Familie *Cornufer guentheri*, Ceratobatrachidae | **Vorkommen** alle bewaldeten Salomonen-Inseln, Ausnahme: Insel San Cristóbal | **Habitat** Bodenstreu der Tieflandregenwälder | **Größe** 70–120 Millimeter | **Nahrung** Insekten, Spinnen, kleine Wirbeltiere | **Bedrohungsstatus** nach Roter Liste nicht gefährdet | **Merke** Manchmal hat ein Blatt vier Beine!

87 Schmuckhornfrosch

Der Pac-Man-Frosch unter den Lauerjägern

Die imposanten Schmuckhornfrösche haben einen großen, breiten Kopf mit einem beachtlichen Maul. Diese beeindruckende Anatomie brachte den Fröschen der Gattung den Spitznamen »Pac-Man-Frosch« ein, nach dem alten und beliebten Videospiel der 1980er Jahre. Zudem sind die Frösche sehr aggressiv, und ihre enorme Bisskraft beträgt bei einem großen Schmuckhornfrosch an dessen Kiefermitte 497 Newton, das sind 50,6799 Kilogramm Kraft! Außerdem besitzen die Frösche im Oberkiefer kleine, spitze Zähnchen. Es gibt also kein Entkommen für die Beute, die durchaus genauso groß sein kann wie der Frosch selbst. Auf ihre Opfer warten Schmuckhornfrösche, indem sie sich so weit im Boden eingraben oder im Laub verstecken, dass nur noch die Augen herausschauen. So beobachten sie ruhig abwartend die Umgebung und lauern auf ihre Chance. Hauptnahrung der freundlich dreinblickenden Frösche sind – andere Frösche! Daneben verschlingen sie jedoch auch kleine Vögel, Nagetiere und Reptilien, nach denen sie blitzschnell schnappen.

Die Gattung der Schmuckhornfrösche beinhaltet aktuell acht Arten. Davon sind sich zwei so ähnlich, dass man sie, insbesondere wenn sie aus der Region stammen, in der die beiden Verbreitungsgebiete aneinandergrenzen, nur noch anhand ihrer Gene auseinanderhalten kann. Wobei eigentlich der Chaco-Hornfrosch (*Ceratophrys cranwelli*) je ein dreieckiges Hörnchen über dem Auge haben sollte und der Argentinische Schmuckhornfrosch (*Ceratophrys ornata*) nicht. Eine Sensation sind die Larven von *Ceratophrys ornata*, denn sie sind in der Lage, an Land und im Wasser Geräusche zu produzieren. Bei Gefahr rufen die Kaulquappen praktisch um Hilfe. Schmuckhornfrosch-Kaulquappen verspeisen Larven anderer Amphibien, jedoch niemals jene der eigenen Art. Möglicherweise halten diese Rufe sie gegenseitig davon ab, auf dem Speiseplan der Geschwister zu landen. Auch eine gute Strategie bei gefräßigen Artgenossen.

Art, Familie *Ceratophrys ornata*, *Ceratophrys cranwelli*, Schmuckhornfrösche (Ceratophrydae) | **Vorkommen** Argentinien, Uruguay, Südbrasilien | **Habitat** Grasland und Feuchtgebiete mit Gewässern wie Tümpeln, großen Pfützen und Gräben | **Größe** Männchen bis 11 Zentimeter, Weibchen bis 18 Zentimeter | **Nahrung** Frösche, Reptilien, kleine Vögel und Nagetiere | **Bedrohungsstatus** nach Roter Liste gering gefährdet, Population abnehmend | **Merke** An zu großen Happen kann Frosch auch mal ersticken!

88 Schrecklicher Pfeilgiftfrosch

Der wohl giftigste Vertreter der Amphibien!

Der Schreckliche oder Goldene Pfeilgiftfrosch ist relativ bekannt, dabei hat er in der Natur nur ein sehr kleines Verbreitungsgebiet von maximal 6.000 Quadratkilometern entlang der Küste Kolumbiens. Er gilt als gefährdet, da schon geringe Eingriffe ausreichen, um den Bestand zu bedrohen. Seine Bekanntheit verdankt der Frosch vielfacher Erwähnung sowohl in der Literatur als auch im Fernsehen als eines der giftigsten Tiere der Welt.

In der Natur sind die Frösche sehr territorial. Sie zeigen kaum Scheu anderen Tieren oder dem Menschen gegenüber, was sie sich aber wegen ihrer enormen Giftigkeit problemlos leisten können. Von dieser kommt auch ihr wissenschaftlicher Artname *terribilis*. Und das ist durchaus nicht unverdient! Ein einziger Frosch trägt in seinen Hautdrüsen etwa 1.100 Mikrogramm (ein Mikrogramm ist ein Millionstel Gramm) der Steroidalkaloide Batracho- und Homobatrachotoxin. Das hört sich nicht nach viel an, aber zum Vergleich: 0,05 Mikrogramm genügen, um eine Maus zu töten. Auf einen durchschnittlichen Menschen mit 75 Kilogramm Körpergewicht umgerechnet, bedeutet das, dass 187,5 Mikrogramm ausreichen würden, um ihm eine tödliche Vergiftung zuzufügen! Damit gehört diese Kombination zu den wirksamsten Giften, die in der Natur vorkommen. Die Wirkung tritt aber nur ein, wenn das Gift in den Blutkreislauf oder zumindest auf Schleimhäute gerät.

Der Name Pfeilgiftfrosch rührt daher, dass verschiedene Arten der Familie für das Vergiften von Blasrohrpfeilen verwendet werden. Der Schreckliche Pfeilgiftfrosch wird zum Beispiel von den Emberá-Indianern in Flechtkörben gesammelt. Dadurch kommen die Tiere in Stress und geben große Mengen des Giftes ab. Die Blasrohrpfeilspitzen werden damit vergiftet.

Art, Familie *Phyllobates terribilis*, Baumsteigerfrösche (Dendrobatidae) | **Vorkommen** Kolumbien | **Habitat** tropische Tieflandregenwälder | **Größe** bis 50 Millimeter | **Nahrung** Insekten, Spinnentiere | **Bedrohungsstatus** nach Roter Liste stark gefährdet, Population abnehmend | **Merke** Schön, aber gefährlich!

89_Schwarzaugenlaubfrosch

Unscheinbarer Verwandter des Rotaugenlaubfrosches

Während der Rotaugenlaubfrosch durch seine Farben brilliert, kann da der Schwarzaugenlaubfrosch nicht mithalten. Statt leuchtend rot ist seine Iris tief dunkelrot bis dunkellila und wirkt, wie der Name verrät, schwarz. Die großen Augen weisen auf seine nachtaktive Lebensweise hin. Zwar sind auch bei ihm, wie bei seinem rotäugigen Vetter, die Flanken und Unterseiten der Beine sowie die Füße orange und der Bauch gelb, da er uns jedoch in der Regel den Rücken zukehrt, sehen wir nur dessen helles Grün. Ein grüner Frosch, meist auf der Unterseite von grünen Blättern, ist für das ungeübte Auge unsichtbar. Dazu kommt, dass Morelets Laubfrosch, wie diese Art auch genannt wird, eine der wenigen Froscharten ist, die in der Lage sind, Infrarotstrahlung zu reflektieren. Dies macht sie für Jäger mit Infrarotrezeptoren unsichtbar. Die Tiere tragen also eine doppelte Tarnkappe.

Seine Gelege klebt Morelets Laubfrosch an Blätter oder Felsen, die über ein Stillgewässer ragen. So ein Laichballen kann aus 23 bis 103 Eiern bestehen. Beim Schlupf können die Kaulquappen dann direkt ins Wasser fallen. Zwar hat dies den Vorteil, dass die Froscheier so vielen Fressfeinden im Wasser entgehen können, jedoch gibt es selbst an solchen exponierten Stellen der Eiablage Spezialisten, die sich über die Eier hermachen. So ist der Laich zum Beispiel bei Schlangen, aber auch Wespen eine willkommene Mahlzeit. Normalerweise entwickeln sich die Eier innerhalb von neun bis zwölf Tagen zu Kaulquappen. Doch ab dem siebten Tag können die noch in den Eiern befindlichen Kaulquappen auf den mechanischen Reiz reagieren, den eine Fressattacke durch Schlangen oder Wespen auslöst. Greifen zum Beispiel Wespen das Gelege an, so reagieren die übrigen Kaulquappen mit einem vorzeitigen Schlupf und retten sich durch den Sprung ins Wasser, um dem Angriff zu entgehen.

Art, Familie *Agalychnis moreletii*, Greiffrösche (Phyllomedusidae) | **Vorkommen** Belize, El Salvador, Guatemala, Honduras, Mexiko | **Habitat** tropische primäre Bergregenwälder in 500 bis 1.500 Metern Höhe | **Größe** 58–65 Millimeter | **Nahrung** Insekten, Spinnentiere | **Bedrohungsstatus** nach Roter Liste nicht gefährdet, Population abnehmend | **Merke** Ein gewagter Sprung kann Leben retten.

90_Schwarznarbenkröte

Im Paradies angekommen

Die Kröte mit dem kleinen Kopf hat gut ausgeprägte Warzen, sogar um die Augen herum, oft mit markanter dunkler Zeichnung. Obendrauf tragen die Warzen je eine kleine schwarze Spitze. Zusätzlich sind die Finger- und Zehenspitzen schwarz gefärbt. Die charakteristischen dunklen Warzen können sogar zur individuellen Unterscheidung der Tiere genutzt werden. Mit ihren kurzen Beinchen macht Asiens Kröte nur knappe Sprünge – und diese auch nur nachts, da sie sich am Tag lieber versteckt.

Um den Fortbestand dieser anpassungsfähigen Art muss man sich ausnahmsweise mal keine Sorgen machen. Im Gegenteil, denn diese Kröte gehört neben der Agakröte, dem Nordamerikanischen Ochsenfrosch und dem Afrikanischen Krallenfrosch zu den vier »Bad Guys« unter den Amphibien, die als weltweit schlimmste invasive Spezies auch außerhalb ihrer Heimat anzutreffen sind. Bereits seit über zwölf Jahren lebt die Schwarznarbenkröte frei auf Madagaskar. Dabei ist sie 2010 sicher unfreiwillig als blinder Passagier per Schiffscontainer auf der Trauminsel im Indischen Ozean gelandet. Die erste, mittlerweile beachtliche Population wurde in der größten Hafenstadt Toamasina entdeckt.

85 Prozent der madagassischen Arten sind endemisch, das bedeutet, sie existieren in ihrer einzigartigen Form ausschließlich hier und nirgendwo sonst auf der Welt. Ihr Verlust wäre unwiderruflich. Die Gefahren, die von der invasiven Kröte ausgehen, sind Konkurrenz um Nahrung und Lebensraum, Jagd auf heimische Arten, Krankheitsübertragung und ihre Toxizität. Letztere ist eine Gefahr für Tier und Mensch. Da bei einer Vielzahl der ländlichen Bevölkerung Froschfleisch auf dem Speiseplan steht, aber vielen die Giftigkeit des Neubürgers nicht bekannt ist, ist dies eine tödliche Gefahr für die Menschen. Forscher sind alarmiert und tüfteln seit Jahren daran, die Kröte wieder aus Madagaskar zu vertreiben. Leichter gesagt als getan.

Art, Familie *Duttaphrynus melanostictus*, Kröten (Bufonidae) | **Vorkommen** Südostasien, Südchina, Papua-Neuguinea, Indonesien, Bali; auf den Molukken, in Osttimor, Ostjava und Madagaskar eingeführt | **Habitat** offene Landschaften mit langsam fließenden Flüssen oder Bächen und temporären Gewässern | **Größe** Männchen 57 – 83 Millimeter, Weibchen 65 – 150 Millimeter | **Nahrung** große Wirbellose | **Bedrohungsstatus** nach Roter Liste nicht bedroht, Population zunehmend | **Merke** Die Schwarznarbenkröte gehört zu den schlimmsten vier Amphibieninvasoren weltweit.

91 Schwimmwühle

Ein Wurm, der kein Wurm ist

Diese Tiere leben so heimlich, dass kaum jemand sie kennt und sie nur in wenigen zoologischen Einrichtungen zu bestaunen sind. Die Schwimmwühle hält sich in Flüssen, Bächen, Seen und im Schwemmland auf und ist nachts schon mal an Land anzutreffen. Die Tiere können über einen halben Meter lang werden, haben einen runden Körperbau und besitzen keine Extremitäten. Schwimmwühlen erinnern vom Aussehen durch Hautfalten, die wie eine Ringelung wirken, an riesige Regenwürmer. Die Augen sind sehr klein, Ohren sind nicht zu erkennen, kurze, ausstülpbare Tentakel sind mit dem Jacobsonschen Organ, einem Organ zur Wahrnehmung von Pheromonen, verbunden, die Nasenöffnungen liegen seitlich am Kopf. Schwimmwühlen tragen nicht nur im Ober- und Unterkiefer kegelförmige Zähne, sondern auch noch in Hufeisenform angeordnete Zähne am Gaumen. Ein Schwanz ist fast nicht vorhanden, da die Kloake beinahe am Körperende liegt.

Schwimmwühlen sind soziale Tiere, die meist gemeinsam, oft in engem Körperkontakt, Verstecke nutzen. Diese Verstecke und die Wohngewässer werden chemisch markiert. Außerhalb der Paarungszeit werden gleichgeschlechtliche Artgenossen bevorzugt, während sich zur Paarungszeit die Weibchen auf die Suche nach männlichen Wühlen machen. Schwimmwühlen können sich gut riechen, denn sie erkennen ihre Verwandtschaft am Geruch! So kann zum Beispiel Inzucht vermieden werden.

Faszinierenderweise vollzieht diese Tierart eine innere Befruchtung und ist lebendgebärend (ovovivipar). Die Embryonen schlüpfen noch im Mutterleib und ernähren sich, nachdem der Eidotter aufgebraucht ist, von einem eiweiß- und fettreichen Sekret des Uterusepithels. Nach einer Tragzeit von etwa 7,5 Monaten kommen ein bis acht Jungwühlen zur Welt. Diese weisen für einige Stunden nach der Geburt noch große weiße Lappenkiemen auf, die sie aber schnell zurückbilden. Bei der Geburt sind Wühlen etwa 15 Zentimeter lang.

Art, Familie *Typhlonectes natans*, Schwimmwühlen (Typhlonectidae) | **Vorkommen** West- und Nordkolumbien, Nordwest-Venezuela | **Habitat** Flüsse, Marschland, Seen, Schwemmland, sehr selten an Land, innerhalb von Buschland und Feuchtgebieten bis auf 1.000 Meter Höhe | **Größe** maximal 45 – 55 Zentimeter | **Nahrung** Aasfresser, Fische, Regenwürmer, Insekten | **Bedrohungsstatus** nach Roter Liste nicht gefährdet | **Merke** Ausnahmen bestätigen die Regel: Auch Amphibien können lebendgebärend sein.

92 Sehuencas-Wasserfrosch

Wie Romeo seine Julia fand

Der Lebensraum eines der seltensten Frösche der Welt liegt 2.000 bis 4.000 Meter hoch in den Anden Boliviens. Weniger als 50 geschlechtsreife Sehuencas-Wasserfrösche leben noch in den Flüssen der Nebelwälder. Diese Art ist von der Ausrottung bedroht, da die Population über einen Zeitraum von nur drei Generationen, von 2001 bis 2019, um mehr als 80 Prozent zurückging. Dieser dramatische Rückgang ist auf die tödliche Pilzerkrankung Chytridiomykose und den Lebensraumverlust zurückzuführen. Noch in den 1980er bis 1990er Jahren war dieser beeindruckende Frosch lokal verbreitet. Die letzten Frösche wurden dann 1998/99 gesichtet.

2009 konnte ein allerletzter Frosch von einem Team Biologen lebend gefangen werden. Dieses Männchen, »Romeo« genannt, wurde fortan im Naturhistorischen Museum in Cochabamba in Bolivien gepflegt und gehegt. Die Wissenschaftler des Museums suchten jahrelang vergeblich nach Artgenossen für Romeo, den einsamsten Frosch der Welt. In ihrer Verzweiflung kamen die Biologen auf eine kreative Idee: Kurzerhand wurde für Romeo ein Profil auf einer der beliebtesten Partnervermittlungsseiten im Internet erstellt und am Valentinstag 2018 hochgeladen. Eine große Kampagne wurde gestartet, um für Romeo seine Julia zu finden. Mit Erfolg!

Die außergewöhnliche Aktion weckte das Interesse am Schicksal Romeos und brachte zahlreiche Geldspenden ein. Somit konnte eine Expedition finanziert werden, die im Jahr 2019 erfolgreich verlief und fünf Sehuencas-Wasserfrösche, nämlich drei weitere Männchen und tatsächlich zwei Weibchen, im bolivianischen Nebelwald aufspürte. Der einsamste Frosch der Welt ist nun nicht mehr allein. Im K'ayra Center warten nun alle gespannt auf das Happy End und den ersten Nachwuchs von Romeo und Julia, den sich hier alle zur Arterhaltung der Sehuencas-Wasserfrösche so sehnlichst herbeiwünschen. Viel Glück!

Art, Familie *Telmatobius yuracare,* Telmatobiidae | **Vorkommen** Bolivien, östliche Anden | **Habitat** Bäche, Flüsse und Tümpel im Nebelwald | **Größe** bis 57,6 Millimeter | **Nahrung** Insekten, Schnecken, Krebse, Würmer | **Bedrohungsstatus** nach Roter Liste kritisch von Ausrottung bedroht, Population abnehmend | **Merke** Für jeden Topf gibt es einen Deckel.

93 Sternennacht-Harlekinkröte

Ein Stern ist zurück

Erstmals 1991 dokumentiert und 1994 von José Vicente Rueda Almonacid wissenschaftlich beschrieben, verschwand diese wunderschöne Harlekinkröte im selben Atemzug wieder. Auf dem tiefschwarzen Grund des Körpers finden sich strahlend weiße Flecken, die an leuchtende Sterne erinnern. Der Trivialname des kleinen Amphibs erinnert nicht nur an sein Äußeres, sondern ist eine Hommage an den wundervollen Himmel seiner Heimat. Der Endemit kommt nur in einem kleinen Verbreitungsgebiet der Sierra Nevada de Santa Marta vor, welches für das indigene Volk der Arhuaco heilig ist und wie ein Tempel geschützt wird.

Der Wiederentdeckung der seit 30 Jahren verloren geglaubten Sternennacht-Harlekinkröte gingen zahlreiche Besuche und intensive Gespräche einer Forschergruppe der Fundación Atelopus mit den Bewohnern der Gegend Sogrome, den Arhuaco, voraus. Die Wissenschaftler gewannen die Freundschaft und das Vertrauen der indigenen Bevölkerung, die die kleinen Kröten schützt. Sie lernten den Lifestyle der Menschen und ihre Gewohnheiten kennen und ließen sogar als Vertrauensbeweis ihre Kameras zu Hause. Alles, um die Grundlagen für die Erforschung und Rettung einer der seltensten Kröten der Welt und ihren Lebensraum zu schaffen.

Die Arhuaco nennen diese kleine Kröte »gouna« und hören seit Generationen darauf, was die *gouna* ihnen zu sagen hat. So folgen die Arhuaco ihrem Gesang und legen danach fest, wann gepflanzt wird. Hierzulande werden Amphibien ebenfalls als sogenannte Bioindikatoren bezeichnet und zeigen zum Beispiel an, wie stabil Gewässer sind. Die Fundación Atelopus wird zukünftig das uralte Wissen der Indigenen mit der Wissenschaft verbinden: gemeinsam stark für den Erhalt der Sternennacht-Harlekinkröte und ihrer Heimat!

Art, Familie *Atelopus arsyecue,* Kröten (Bufonidae) | **Vorkommen** Nordkolumbien | **Habitat** Nebelwald in der Sierra Nevada de Santa Marta, 2.000 – 3.500 Höhenmeter | **Größe** bis 50,8 Millimeter | **Nahrung** kleine Wirbellose | **Bedrohungsstatus** nach Roter Liste kritisch von Ausrottung bedroht, Population abnehmend | **Merke** Kein Stern verschwindet jemals vollständig!

94 Teich- und Wasserfrösche

Komplizierte Froschgruppe

Rana esculenta, wie Carl von Linné die Tiere 1758 wissenschaftlich benannte, bedeutet »essbarer Frosch«. Dies zeigt deutlich, dass damals schon Froschschenkel auf dem Speiseplan standen. Und noch heute werden neben exotischen Arten millionenfach heimische Wasserfrösche, vor allem im französischen Sprachraum, verspeist. Darüber hinaus waren sie beliebte Versuchstiere in den Laboren der Wissenschaftler. Und kaum eine heimische Froschgruppe bereitet den Herpetologen heute so viel Kopfzerbrechen wie die Wasser- oder Teichfrösche, auch Grünfrösche genannt. Diese Gruppe setzt sich aus dem See- (*Rana ridibunda*) und dem Kleinen Wasserfrosch (*Rana lessonae*) sowie ihrem Mischling, dem Teichfrosch (*Rana klepton esculenta*), zusammen.

Heute werden diese Arten von einigen Wissenschaftlern in eine eigene Gattung, die der Wasserfrösche, *Pelophylax*, gestellt. Die Wasserfroscharten können sich untereinander kreuzen und weitervermehren. Experten können anhand verschiedener Merkmale die sehr ähnlichen Arten unterscheiden. Hierzu zählen neben der Körpergröße, der relativen Länge der Hinterbeine und der Art der Fleckung auch die Farbe der Schallblasen und die Form der Fersenhöcker. Ganz einfach eigentlich. Allerdings vermischen sich die Merkmale bei den Hybriden, also den Mischlingen, natürlich.

Ihren Namen Wasserfrösche trägt die Gruppe auf jeden Fall zu Recht, denn die Tiere sind exzellent an das Leben im Wasser angepasst. Die hervorragenden Schwimmer halten sich stets im Wasser oder in Sprungweite am Ufer auf. Im Notfall retten sie sich mit einem beherzten Sprung ins Wasser. Spätestens ab April lassen sie hier ihre markanten, lauten Froschkonzerte hören. Die paarigen Schallblasen sitzen jeweils seitlich am Kopf, und die Tiere können ganz unterschiedliche Rufe produzieren. Die verschiedenen Arten können auch anhand der Rufe unterschieden werden. Versuchen Sie es doch mal!

Art, Familie *Pelophylax esculentus/Rana esculenta,* Echte Frösche (Ranidae) | **Vorkommen** gemäßigte Zonen Eurasiens | **Habitat** an und in offenen mittleren bis größeren Gewässern | **Größe** 45 – 140 Millimeter | **Nahrung** Insekten und ihre Larven, Wanzen, Käfer, Heuschrecken, Grillen, auch Spinnen und Asseln, Schnecken und Regenwürmer | **Bedrohungsstatus** besonders geschützt nach Bundesnaturschutzgesetz und Bundesartenschutzverordnung | **Merke** Die Mischung macht's!

95 Titicaca-Riesenfrosch

Der Frosch mit der großen Jacke

Auf 3.810 Metern über dem Meer ist die Luft dünn! Und dennoch findet man in den Anden am und im größten Hochlandsee der Welt, an der Grenze zwischen Peru und Bolivien, Leben. Im Titicacasee ist der endemische Titicaca-Riesenfrosch daheim. Dem Frosch geht hier oben buchstäblich die Luft aus. Denn wenn er zum Luftholen an die Wasseroberfläche kommt, droht ihm so manch ein Fressfeind, also vermeidet er es und bleibt im Wasser. Seine Lungenflügel sind um zwei Drittel kleiner als die anderer Frösche seiner Größe. Wie atmet er ausreichend Sauerstoff ein? Die Haut des Frosches wirkt, als wäre sie mindestens drei Nummern zu groß. Der Titicaca-Riesenfrosch betreibt exzessiv Hautatmung, und da gilt: je mehr Haut, desto besser. Damit die in Falten liegende Haut ausreichend belüftet wird, kann man ein merkwürdiges Verhalten beobachten: Der Frosch stemmt die Beine in den Seeboden, wölbt den Rücken und wippt hin und her. Dadurch werden die Hautfalten gut belüftet. Außerdem ist der Titicaca-Riesenfrosch der Frosch mit den meisten Erythrozyten, roten Blutkörperchen, die für die Aufnahme des Sauerstoffs ins Blut verantwortlich sind. Ein ausgedehntes Netz von Adern und Venen versorgt die Haut mit dem nötigen Blutdurchfluss, damit der Sauerstoff aus dem Wasser durch die Haut aufgenommen und zu den Organen transportiert werden kann.

Der Titicacasee ist nicht nur der größte Hochlandsee, sondern auch einer der schmutzigsten Seen der Welt. Die Städte an seinen Ufern haben keine Kläranlagen für ihre Abwässer. Durch Überdüngung kommt es zu ausgedehnten Algenblüten. Das lässt den Sauerstoffgehalt im See sinken. Der Chytridpilz lässt die Frösche außerdem innerhalb weniger Tage sterben. Leider wird der Titicaca-Riesenfrosch auch für obskure medizinische Tinkturen und Getränke verarbeitet. All das gefährdet seinen Bestand. Daher wird zum Schutz dieser faszinierenden Frösche in ihrer Heimat eifrig geforscht.

Art, Familie *Telmatobius culeus*, Telmatobiidae | **Vorkommen** Peru, Bolivien | **Habitat** flache Küstengewässer des Titicacasees | **Größe** bis 140 Millimeter | **Nahrung** Schnecken, Würmer, Krebse, Insektenlarven | **Bedrohungsstatus** nach Roter Liste stark gefährdet, Population abnehmend | **Merke** Schönheit liegt im Auge des Betrachters.

96_Tomatenfrosch

Hüpfende Tomaten

Als dem Naturforscher Alfred Grandidier (1836–1921) auf Madagaskar ein leuchtend roter, sehr rundlicher Frosch gebracht wurde, war wohl seine erste Assoziation »Tomate«, und so ist es nicht überraschend, dass dieser Frosch auch so benannt wurde: Tomatenfrosch. Rückblickend ist anzunehmen, dass das Exemplar weiblich war, denn bei dieser Froschart gibt es nicht nur einen deutlichen Größenunterschied zwischen den Geschlechtern – die Damen sind deutlich größer –, sondern auch einen farblichen. Während die Männchen lediglich gelblich braun gefärbt sind, leuchten die Weibchen im attraktiven Rot oder Orange. Die Bauchseite ist bei beiden gelblich, und die Kehle ist manchmal schwarz gepunktet.

Feuchtgebiete, Gewässer, aber auch Wassergräben und sogar Abwassergräben in 600 bis 900 Metern über dem Meer sind das bevorzugte Habitat der »Tomate«. Dieser Frosch ist nachtaktiv und nur während der Regenzeit unterwegs. Denn in den Trockenzeiten gräbt er sich mit Hilfe von Grabschwielen an den Hinterfüßen ein und hält einen Trockenzeitschlaf. In der Regenzeit jagt der Tomatenfrosch nachts nach diversen Wirbellosen, anderen Amphibien und sogar nach Kleinsäugern. Erst wenn es zum Ende der Regenzeit so richtig stark regnet, kommen diese Frösche in Stimmung. In der Regel wendet das Männchen in der Leistengegend des Weibchens einen Klammerreflex, den Amplexus, an. Tomatenfrösche sind sogenannte Explosionslaicher, was bedeutet, dass sie extrem große Mengen an Eiern auf einen Schlag ablegen, in diesem Fall sind es zwischen 1.000 und 1.500. Die Eier bilden erst einen Film auf der Wasseroberfläche und klumpen dann zusammen. Nach nur zwei Tagen schlüpfen die Larven, und bereits nach einem Monat klettern kleine gelbe Frösche aus dem Wasser ins Laub. Ab einer Größe von etwa zwei Zentimetern wechseln sie die Farbe – und erneut können Tomaten das Hüpfen lernen.

Art, Familie *Dyscophus antongilii*, Engmaulfrösche (Microhylidae) | **Vorkommen** Ostküste Madagaskars: Bucht von Antongil bis südlich von Toamasina | **Habitat** Regenwald, Buschland in der Nähe von Seen und Teichen, Flüssen und Strömen, temporäre Gewässer, Sümpfe, Schwemmland | **Größe** Männchen 65 Millimeter, Weibchen 105 Millimeter | **Nahrung** Insekten, Schnecken und Kleinsäuger, Regenwürmer, Amphibien | **Bedrohungsstatus** nach Roter Liste nicht gefährdet, Population abnehmend | **Merke** Bitte nicht in hüpfende Tomaten beißen!

97_Tupfenlaubfrosch

Durch Fluoreszenz weltberühmt

Auf den ersten Blick sieht man ihm seine sensationelle Besonderheit, die ihm erst vor wenigen Jahren weltweit Berühmtheit einbrachte, gar nicht an. Aber dieser kleine grüne Frosch mit den roten Punkten fluoresziert unter ultraviolettem Licht. Sensationell! Doch warum, wieso, wozu strahlt er dann neongrün? Die Wissenschaft nimmt an, dass die Frösche so visuell kommunizieren. Mit wem, ist noch unklar. Die fluoreszierende Haut der Tiere verfügt über eine neu beschriebene Klasse von Molekülen, die von ihren Entdeckern Hyloine genannt wurden. Diese für das Leuchten des Frosches verantwortlichen Teilchen werden in der Lymphe und in Hautdrüsen gespeichert.

Die Frösche können nicht nur selbst leuchten, sondern hinterlassen zudem ein anhaltend fluoreszierendes Sekret auf dem Untergrund. Auf gut Deutsch: Sie ziehen eine leuchtende Schleimspur hinter sich her! Diese nachtaktiven Frösche mögen Abwechslung, denn sie erscheinen bei Tag und bei Nacht in verschiedenen Farben. Im Dunkeln sind die Tiere grün-rot und am Tag hellgrün mit roten Punkten und einer hellen Linie, die jeweils vom Auge her längs über den Rücken verläuft. Und nun auch noch Fluoreszenz. Auffälliger geht's nicht.

Diese kleine Froschart ist im Amazonasbecken weit verbreitet, vor allem dort, wo Überschwemmungsgebiete an den großen Flüssen das Ufer in ein Amphibienparadies verwandeln. Hier sitzt man gern auf Schwimmpflanzen über der Wasseroberfläche und hält nach Beute Ausschau. Es muss jedoch nicht immer der Amazonas sein, anpassungsfähig, wie Frosch ist, werden auch Kanäle, Gärten und Parks als Lebensräume inmitten von Städten aufgesucht. Die genügsamen Tiere sind weit verbreitet und häufig anzutreffen. Bereits 1799 wurde diese Art beschrieben. Seither wurde sie von der Wissenschaft unzählige Male systematisch im Amphibienreich umsortiert, da sei ihr die gegenwärtige Aufmerksamkeit gegönnt.

Art, Familie *Boana punctata,* Laubfrösche (Hylidae) | **Vorkommen** Ecuador, Peru, Bolivien, Orinoco-Becken, Zentralbrasilien, Chaco von Paraguay und Argentinien, die drei Guyanas, Norden Kolumbiens, Sierra Santa Marta und offenes Tiefland von Venezuela (Amazonas, Apure, Bolívar und Sucre) und Trinidad und Tobago mit Ausnahme des Maracaibo-Seebeckens | **Habitat** saisonal überschwemmte Primär- und Sekundärwälder, Sümpfe | **Größe** Männchen 31–40 Millimeter, Weibchen 34–41 Millimeter | **Nahrung** Insekten, meist Mücken, Fliegen, Käfer | **Bedrohungsstatus** nach Roter Liste nicht bedroht | **Merke** Ein fluoreszierender Frosch!

98 Urmia-Molch

Eine Schönheit unter kurdischem Himmel

Als Gebirgsmolch mag der Urmia-Molch Gewässer in großen Höhen, die von dichter Vegetation gesäumt sind, in der er sich außerhalb der Paarungszeit aufhält. Diese Bäche, Flüsse oder quellgespeisten Tümpel sind kalt und sehr sauerstoffreich. Auffällig ist, dass er offensichtlich Lebensräume meidet, die von Menschen genutzt werden. Da kann man sich leicht vorstellen, dass solche Gebiete immer seltener werden.

Im türkischen Teil des Verbreitungsgebietes gibt es immer wieder Bestrebungen, Dammprojekte zu verwirklichen, was nicht mit den bevorzugten Lebensumständen des Molches zu vereinbaren ist. Nachgewiesenermaßen bleiben die Bestände des Urmia-Molches dort stabil, wo Schutzgebiete eingerichtet wurden und er so von menschlichen Einflüssen weitgehend verschont bleibt. Im Winter wird es in seinem Lebensraum so kalt, dass der Urmia-Molch eine Winterruhe zu absolvieren hat, ähnlich wie unsere heimischen Amphibien. Der Beginn der anschließenden Paarungszeit ist von der Höhe und der damit verbundenen Temperatur des Habitats abhängig. Je höher, desto später werden adäquate Temperaturen erreicht, die das Paarungsverhalten begünstigen. Die Paarung an sich verläuft molchtypisch tanzend im Wasser. Auch die Larvalentwicklung zeigt den typischen Verlauf.

Immer wieder überraschend ist, dass selbst bei Tierarten, die der Wissenschaft schon seit Langem bekannt sind, Einzelheiten über ihre Biologie fehlen. Der Urmia-Molch wurde bereits 1862 von Edward Drinker Cope (1840–1897), einem zoologischen Universalgenie, erstbeschrieben – trotzdem ist aus der Natur kaum etwas über seine Lebensweise während der Landphase bekannt, also der Zeit außerhalb der Paarungszeit. Hier können Beobachtungen in zoologischen Einrichtungen oder auch von privaten Haltern Abhilfe schaffen. Solches Basiswissen ist wichtig, um gefährdete Tierarten in der Natur effizienter schützen zu können.

Art, Familie *Neurergus crocatus*, Echte Salamander (Salamandridae) | **Vorkommen** Nordwest-Iran, Nordirak und Südost-Türkei | **Habitat** gemäßigte Gebirgswälder, in Bächen, Flüssen, auch direkt an Wasserfällen, in 1.500–2.000 Metern Höhe | **Größe** bis 180 Millimeter | **Nahrung** Insekten, Spinnentiere | **Bedrohungsstatus** nach Roter Liste gefährdet, Population abnehmend | **Merke** Es gibt noch so viel zu erforschen!

99_ Vietnamesischer Moosfrosch

Ein hüpfendes Moospolster

Viele Mitglieder der Gattung Moosfrösche sind Meister der Tarnung. Manche imitieren Baumrinde, Flechten oder gar Vogelkot. Der Vietnamesische Moosfrosch jedoch ahmt in exzellenter Weise ein Moospolster nach. Sitzt der Frosch in einem solchen, fällt er auch dem geübtesten Betrachter erst auf, wenn sich das Tier bewegt. Selbst in den Augen zieht sich das grün-gelb-braune Tarnmuster durch. Sogar die Hautoberfläche ist unregelmäßig und stark von Warzen überzogen. So wird die Silhouette praktisch aufgelöst. Somatolyse nennt man diese Tarntaktik. Die Farbgebung und die unregelmäßige Körperoberfläche lassen den Frosch förmlich mit seiner Umgebung verschmelzen.

Je nach Stimmung und Aufenthaltsort variieren die Tiere sogar in der Helligkeit. Sitzt ein Moosfrosch im dunklen Wasser, ist er dunkel gefärbt, und im hellen Moospolster erscheint dasselbe Tier hellgrün. Die perfekte Voraussetzung, um in den hoch gelegenen Wäldern Nordvietnams Fressfeinden nicht aufzufallen. Stets halten sich die Tiere an Wasserbecken auf und legen ihre Eier wenige Zentimeter über dem Wasser am steilen Ufer ab. Die Larven schlüpfen nach 10 bis 15 Tagen und springen gekonnt ins Wasser. Beim Schlupf lediglich anderthalb Zentimeter lang, mausern sich die Larven zu einer imposanten Größe von acht Zentimetern. Sie benötigen bis zu drei Monate, um als fast fertiger Frosch, dann zwei bis vier Zentimeter groß, das Wasser zu verlassen. In manchen Fällen kann die Entwicklung sogar bis zu 200 Tage dauern.

Die Zucht und Erforschung auch nicht bedrohter Arten sind wichtig. Leider machen es diese Frösche den Züchtern schwer und geben der Forschung Rätsel auf, denn 99 Prozent der Nachkommen sind männlich! Wieso und weshalb, wird eifrig erforscht, ist bisher aber noch ein gut gehütetes Geheimnis der hüpfenden Moospolster.

Art, Familie *Theloderma corticale*, Ruderfrösche (Rhacophoridae) | **Vorkommen** Nordvietnam: Provinzen Vĩnh Phúc, Cao Bằng, Lạng Sơn und Bắc Kạn, Südchina: mindestens Guangxi, wahrscheinlich weitere südliche Provinzen | **Habitat** Bergregenwälder | **Größe** bis 90 Millimeter | **Nahrung** Wirbellose | **Bedrohungsstatus** nach Roter Liste nicht bedroht, Population abnehmend | **Merke** Gute Tarnung ist das halbe Leben!

100 Violetter Nasenfrosch

Frosch oder Maulwurf – das ist hier die Frage!

Er hat es wirklich verstanden, sich Jahrmillionen großartig zu verstecken. Bis er 2003 Forschern doch ins Netz schlüpfte. Nun hat er eine eigene Familie, die Nasengrabfrösche, die er sich mit *Nasikabatrachus bhupathi*, der 2017 beschrieben wurde, teilt. Die nächsten Frosch-Verwandten leben auf den Seychellen, 3.000 Kilometer südlich von Indien.

In den Bergwäldern der Westghats ist der Nasenfrosch endemisch und wurde bisher nur an zwei Orten gefunden. Möglich, dass er an weit mehr Plätzen zu Hause ist – doch suchen Sie mal einen Frosch, der bis auf wenige Wochen im Jahr unterirdisch lebt. Mindestens einen, aber meist bis zu vier Meter tief im Waldboden. Bisher sind Forschern nur 135 erwachsene Frösche unter die Augen gekrochen, denn hüpfen scheinen sie nicht zu können. Spektakulär ist ihr kugeliger purpurner Körper mit dem winzigen Kopf und einem knopfartigen Vorsprung an der Nasenspitze zwischen zwei kleinen Augen. Die schaufelartigen Hinterfüße haben kleine Schwimmhäute und sind zum Graben sicher hervorragend geeignet. So lebt er unterirdisch wie ein Maulwurf.

Der skurrile Frosch brütet nur zum Beginn des Sommermonsuns in temporären Gewässern. Hierzu verlässt der Frosch kurz den Untergrund. Die Kaulquappen befinden sich zu Tausenden in schnell fließenden Bächen. Hier werden sie als Nahrung von Einheimischen in Massen gefangen. Dies ist mittlerweile leider ein Problem für diese Art. Der Nasenfrosch ist ein lebendes Fossil, von dem die Wissenschaft noch viel über Evolutionsbiologie lernen könnte. Vorausgesetzt, sein Lebensraum – ein globaler Hotspot der biologischen Vielfalt – würde erhalten bleiben. Allerdings ist das Gebiet bedroht. Viele Konflikte zwischen Industrie und Politik, die Bergbau und Staudämme betreiben möchten, und der heimischen Bevölkerung, Naturschützern und Forschern, die die einzigartigen Westghats schützen möchten, sind wahrer Zündstoff.

Art, Familie *Nasikabatrachus sahyadrensis,* Nasengrabfrösche (Nasikabatrachidae) | **Vorkommen** Indien: Westghats der Bundesstaaten Kerala und Tamil Nadu | **Habitat** im Waldboden | **Größe** Männchen 52 Millimeter, Weibchen 78 – 90 Millimeter | **Nahrung** Termiten | **Bedrohungsstatus** nach Roter Liste stark gefährdet, Population abnehmend | **Merke** Er wird auch Schweinsfrosch genannt.

101 Waldfrosch

Ein Frosch in der Tiefkühltruhe

Unfassbar – in Alaska lebt ein Amphib, das der Kälte trotzt und selbst Temperaturen von minus 20 Grad Celsius locker überlebt: der Waldfrosch oder Eisfrosch. Wie schafft er das? Die Antwort ist einfach: Er lässt sich einfrieren und taut im Frühjahr wieder auf. Die Körperflüssigkeit in den Extrazellularräumen zwischen den Gewebezellen friert ab minus fünf Grad Celsius zu zwei Dritteln ein. Normalerweise würden Eiskristalle die Gewebe nachhaltig schädigen, aber um dem vorzubeugen, produziert der Frosch mit Einsetzen von frostigen Temperaturen ein körpereigenes Frostschutzmittel aus Glukose und Harnstoff in den Zellen. Der erste Frost versetzt das Tier in Stress und bewirkt eine Adrenalinausschüttung. Der folgt die Umwandlung von freigesetztem Glykogen aus der Leber zu Glukose. Die reichert sich an, was zu einer erhöhten Osmolarität führt. Die Konzentration an Teilchen in der Körperflüssigkeit steigt also an. Das wiederum führt zur Harnstoffanreicherung und zu einem Hypometabolismus, also einer verminderten Stoffwechselleistung, als Anpassung an eine trockene Lebenssituation. Nun versucht der Körper das Ungleichgewicht wieder auszugleichen und zieht Wasser nach. Die Folge ist eine Gefrierpunkterniedrigung und Eiskristallbildung im Extrazellularraum, die Zellmembranen werden nicht zerstört. Herzschlag, Blutfluss und Atmung setzen aus. Um ausreichend Glukose zu haben, trainiert der Frosch. Im Herbst friert er in den Nächten schon ein, um tagsüber wieder aufzutauen, und produziert so immer mehr Glukose. Er wird zuckersüß. Schließlich friert er ganz ein und taut sieben Monate später wieder auf.

Kaum ist die Sonne stark genug, um Schmelzwassertümpel zu bilden, legt der Frosch seine Eier in diese fischfreien, temporären Gewässer. Hier können sich die Kaulquappen entwickeln, die dann in Metamorphose gehen, einen kurzen Sommer als Frosch erleben, bevor sie sich einfrieren lassen.

Art, Familie *Lithobates sylvaticus*, Echte Frösche (Ranidae) | Vorkommen Nordamerika: Alaska bis Labrador, südlich nach New Jersey, nördlich bis Georgia und Idaho, teils in Nord-Colorado in den Rocky Mountains, bis Arkansas und Missouri | Habitat Wald- und Feuchtgebiete, Teiche und Flüsse | Größe bis 80 Millimeter | Nahrung Insekten, Spinnen, Schnecken | Bedrohungsstatus nach Roter Liste nicht bedroht | Merke Ein tiefgefrorener Frosch ist zuckersüß!

102 Wechselkröte

Attraktive Kröte in Tarntracht

Das Vorkommen der wärmeliebenden Wechselkröte ist in Deutschland lückenhaft, und ihre Lebensräume werden rar. Die Wechselkröte wurde 2022 zum Lurch des Jahres gewählt. Diese Wahl soll dazu beitragen, die hübsche Kröte bekannter zu machen und für ihren Schutz und den Erhalt ihrer Lebensräume zu werben.

Wechselkröten lieben Steinbrüche, Bau- und Kiesgruben, Bahndämme, Weinberge sowie lichte Wälder und offene Flächen, die von der Sonne beschienen werden. Und hübsch ist sie wirklich! Die Grundfärbung der Männchen ist grau, die der Weibchen weiß, darauf befinden sich jeweils grüne Inselflecken, die die kontrastreiche Tarnoptik der Tiere ausmachen. Diese ist beim Männchen manchmal verwaschener. Weibchen haben zusätzlich seitlich rötliche Flecken. Der Bauch beider Geschlechter ist hellgrau, über den Rücken verteilt befinden sich einige Warzen, die rötlich gefärbt sein können. Da die Färbung und Fleckung je nach Umgebungstemperatur, Lichteinfall und Stimmung der Kröte variabel sein kann, erhielt sie ihren Namen. Betrüblich, dass die schöne Kröte meist dämmerungs- und nachtaktiv ist und man sie daher selten sieht.

Männchen haben eine einzelne kehlständige Schallblase. Ab Mitte April lassen die Tiere einen der schönsten Balzrufe der heimischen Amphibien hören. Dieser klingt wie das melodische Zirpen der Maulwurfsgrillen. Während der Laichzeit bis Mai legen die Weibchen meterlange doppelte Laichschnüre ab, die aus 2.000 bis 15.000 Eiern bestehen können. Nach rund fünf Tagen schlüpfen bereits die Larven. Die Metamorphose zur Jungkröte erfolgt nach etwa drei Monaten. Die kleinen, rund anderthalb Zentimeter großen Minikröten verlassen ihr Schlupfgewässer und gehen an Land auf die Jagd. In der Regel leben Wechselkröten über Jahre an einem Platz, doch manchmal packt sie die Reiselust, und plötzlich machen sie sich des Nachts auf und suchen sich ein neues sonniges Zuhause.

Art, Familie *Bufotes viridis,* Kröten (Bufonidae) | **Vorkommen** Westeuropa (Deutschland und Ostfrankreich), Nordeuropa (Südschweden) und Osteuropa (bis zum Ural), Balkanhalbinsel, Korsika, Sardinien und Balearen-Inseln, Wolga in Russland als östliche Grenze | **Habitat** offene, trockenwarme, sonnenexponierte Gebiete mit sandigem Boden, vegetationsarme Kleingewässer | **Größe** Männchen bis 80 Millimeter, Weibchen bis 90 Millimeter | **Nahrung** Insekten (besonders Käfer, Ameisen, Blattläuse), Milben, Springschwänze | **Bedrohungsstatus** streng geschützt nach Bundesnaturschutzgesetz | **Merke** Nicht jedes Zirpen verrät eine Grille!

103 Weißbart-Ruderfrosch

Auch ohne Achter Gold wert

Dieser unauffällige braune Frosch gehört zur Familie der Ruderfrösche. Viele Verwandte des Weißbart-Ruderfrosches sind wesentlich farbenfroher und verfügen oft sogar über so große Häute zwischen Fingern und Zehen, dass sie in der Luft gleiten können. Nicht so dieser Ruderfrosch, aber es sind nicht immer die optischen Reize, die zählen.

Die Fortpflanzungsstrategie der 25 Arten der Gattung *Polypedates* ist schon besonders. Die Weibchen legen ihre Eier in ein selbst gebautes Schaumnest. Hierzu benötigen sie eine erhöhte Luftfeuchte, damit das Nest nicht austrocknet. Die kleineren Männchen locken die Weibchen mit lauten Rufen an. Die Schaumnester werden direkt über einer Wasserfläche an Pflanzen oder anderen Strukturen angebracht. In das Nest legt das Weibchen bis zu 400 Eier. Das Schaumnest schützt die Eier vor Fressfeinden, und die Larven schlüpfen nach vier Tagen, sie rutschen oder fallen vom Nest in das darunterliegende Gewässer. Hier entwickeln sich die hungrigen Larven innerhalb von sieben Wochen zur nächsten Generation.

Schaumnester sind keine exklusive Erfindung dieser Gattung. Schaumnestbauende Frösche gibt es auch in verschiedenen Familien in Südamerika und Australien. Der Schaum der Weißbart-Ruderfrösche besteht zu 93 Prozent aus Proteinen und zu 7 Prozent aus Zucker. Schäume mit Tensiden (Detergentien), wie sie hier vorkommen, sind in biologischen Systemen eher selten, denn sie schädigen eigentlich empfindliche Gewebe. Untersuchungen haben gezeigt, dass Tenside des Froschschaums bessere Eigenschaften haben als herkömmlich hergestellte Tenside. Das Schaumnest des Weißbart-Ruderfrosches färbt sich mit der Zeit bläulich grün, was auf eine hohe Konzentration des ungewöhnlichen zinkhaltigen Proteins namens Ranasmurfin zurückzuführen ist, dessen Funktion noch nicht geklärt ist. Möglicher Nutzen sind UV-Schutz, Tarnung und Stabilisierung des Schaums.

Art, Familie *Polypedates leucomystax*, Ruderfrösche (Rhacophoridae) | **Vorkommen** Myanmar, Thailand, Malaiische Halbinsel und Singapur sowie Indonesien, Brunei, Osttimor, Malaysia bis zu den Philippinen und den südlichen Ryūkyū-Inseln (Japan), möglicherweise bis Kambodscha | **Habitat** tropischer Regenwald | **Größe** Männchen bis 50 Millimeter, Weibchen bis 80 Millimeter | **Nahrung** Wirbellose | **Bedrohungsstatus** nach Roter Liste nicht gefährdet | **Merke** Ein Schaumschläger als Nestbauer.

104_Winkerfrosch

Wenn es zu laut ist, muss man Zeichen geben

Auf ganz besonderen 14.363 Quadratkilometern kann man an stark fließenden Flüssen in den primären Regenwäldern Borneos ein merkwürdiges Schauspiel beobachten. Allerdings braucht man sehr gute Augen, denn die Akteure, die es zu beobachten gilt, sind gerade einmal zwei bis drei Zentimeter groß. Obendrein ist der Winkerfrosch auch noch farblich (grün mit dunklem Fleckmuster) hervorragend an die hiesigen veralgten und bemoosten Steine angepasst. Die noppige Rückenhaut lässt die Konturen des Frosches verschwinden.

Hat man endlich so einen Winzling gefunden und möchte ihn vielleicht seiner Begleitung zeigen, merkt man, dass es mit der Verständigung schwierig ist. Denn an den Stromschnellen ist es so unglaublich laut, dass man sich nicht versteht. Also gibt man sich Handzeichen. So machen es die Frösche auch, sie verwenden Zeichensprache. Sie besitzen große Hinterfüße mit auffälligen weißen Schwimmhäuten. Will ein Winkerfrosch sich mit einem weiteren unterhalten, ruft er nicht nur, sondern sie geben sich Zeichen mit den Hinterbeinen. Sie strecken ein Bein weit vom Körper und spreizen den Fuß auseinander, sodass die weißen Schwimmhäute gut sichtbar werden. Dann wird das andere Bein ausgestreckt. Es gibt weitere Signale wie Fußtrommeln, Fußwinken, Fußheben, aber auch Armwinken und Maulöffnen. Dies betreiben sowohl männliche als auch weibliche Tiere. Die Herren setzen zusätzlich auch noch ihren hell leuchtenden Kehlsack ein, um auf sich aufmerksam zu machen. Der Kehlsack wird aufgebläht, und durch Vibration werden ohne Lautgebung Signale übermittelt. Das Ganze wirkt wie ein gut einstudiertes Ballett. Diese Form der Kommunikation benutzen bereits Jungfrösche, was bedeutet, dass es nicht nur ein an die Paarung gekoppeltes Verhalten ist. Die Eiablage und Larvenentwicklung findet im Flusswasser statt. Die Kaulquappen halten sich im Schotterbereich der Bäche und Flüsse auf.

Art, Familie *Staurois parvus*, Echte Frösche (Ranidae) | **Vorkommen** Nordborneo: Provinz Sarawak und Sabah, Malaysia und Brunei | **Habitat** Primärregenwälder in 300 – 1.000 Metern Höhe, auf Felsen an Stromschnellen stark fließender Flüsse und Bäche | **Größe** 21 – 30 Millimeter | **Nahrung** Insekten, Würmer | **Bedrohungsstatus** nach Roter Liste gefährdet, Population abnehmend | **Merke** Man kann nicht nicht kommunizieren.

105__Wunder-Schwarzkröte

Spektakuläre Seltenheit

Oberseits ist die Wunder-Schwarzkröte grasgrün und besitzt beachtliche gelbe Drüsenwarzen. Eine Spitzentarnung auf Moos und im Blattdickicht. Lediglich rot hervorblitzende Finger- und Zehenspitzen lassen vermuten, dass da noch mehr ist. Denn zu schade zum Verstecken ist die wunderschöne Unterseite: Spektakulär leuchten die zinnoberroten Füße, ebenso wie die gelben, roten und grünen Punkte, die sich beeindruckend von der schwarzen Bauchseite absetzen. Doch diese attraktive Färbung dient nicht etwa dazu, Partnern zu gefallen, sondern Fressfeinde vor der eigenen Giftigkeit zu warnen. Und diese ist, dank regelmäßiger Aufnahme von Milben und Ameisen, die die Zutaten für ein Toxin liefern, beachtlich unappetitlich.

Zur Präsentation der Farbenpracht wirft sich diese Schwarzkröte vor dem Angreifer in Stellung – sie legt sich auf die Seite und zeigt, was sie hat. Oder sie macht ein Hohlkreuz und streckt ihre Extremitäten nach oben, um deren leuchtend rote Unterseite zu präsentieren. Diese »Kahnstellung« ist auch von unseren heimischen Unken bekannt.

Kaum zu glauben, dass die bunte Wunder-Schwarzkröte erst 2004 entdeckt und kurz darauf wissenschaftlich beschrieben wurde. Seither studieren Biologen diese seltene Schönheit und versuchen, ihr Überleben zu sichern. Denn da sie ausschließlich in einem kleinen Gebiet wenige hundert Meter entlang des Rio Forqueta in Brasilien vorkommt und nirgendwo anders auf der Welt, ist diese Region besonders kostbar. Die größte Bedrohung wäre ab 2010 die Errichtung eines Wasserkraftwerks wenige Meter flussaufwärts vom Lebensraum dieser Art gewesen. Dank der Forschung vor Ort sowie der Zusammenarbeit von Naturschutzorganisationen und der brasilianischen Umweltbehörde konnte zum ersten Mal in der Geschichte Brasiliens eine kleine Kröte im Jahr 2014 den Bau eines Wasserkraftwerkes zum Schutz der biologischen Vielfalt verhindern.

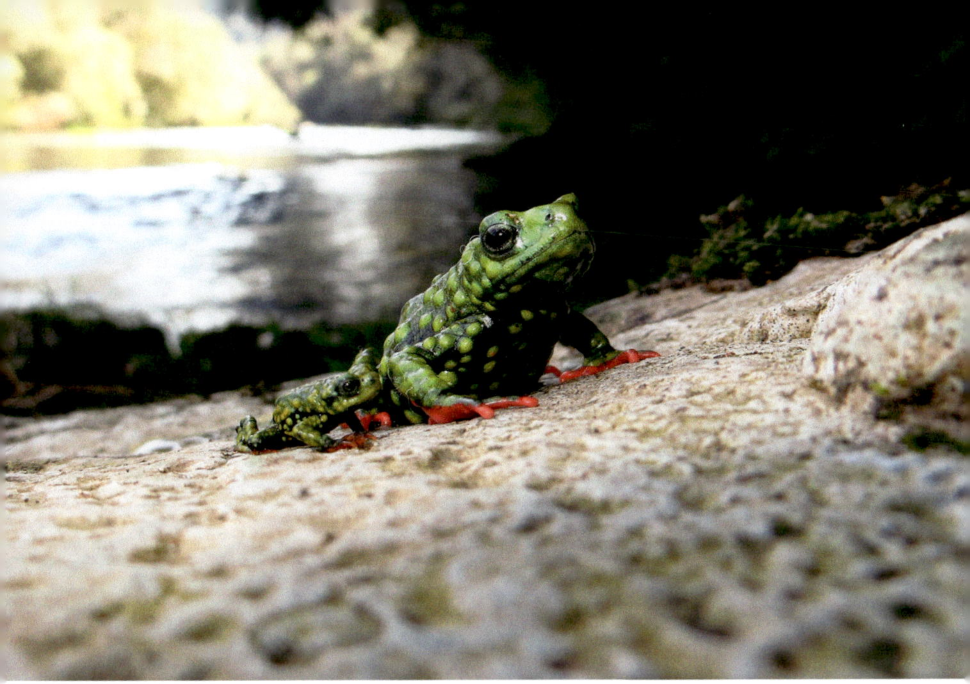

Art, Familie *Melanophryniscus admirabilis,* Kröten (Bufonidae) | **Vorkommen** Brasilien: Rio Grande do Sul | **Habitat** Auwald, steiniges Bachufer | **Größe** 30–40 Millimeter | **Nahrung** Milben, Ameisen, Käfer und Larven | **Bedrohungsstatus** nach Roter Liste kritisch von Ausrottung bedroht, Population abnehmend | **Merke** Auch eine kleine Kröte kann Großes bewirken!

106_Yucatán-Schaufelkopflaubfrosch

Komischer Kopf!

Der Yucatán-Schaufelkopflaubfrosch hat einen großen Kopf, der wie ein Helm geformt ist. Im Gegensatz zu den anderen »behelmten« Laubfröschen Mittelamerikas besitzt er einen großen, nach oben gebogenen pränasalen Knochen und vergrößerte Oberkiefer. Vom einen hinter dem Auge liegenden Trommelfell über das hintere Ende des Schädels bis zum anderen Trommelfell zieht sich ein knöcherner Kragen. Eine weitere knöcherne Leiste verläuft von einem vor dem Auge liegenden Knopf beidseitig zum Nasenloch. Die Schnauze ragt weit über den Unterkiefer hervor. All dies sorgt für ein ungewöhnliches Aussehen, das an eine Schaufel erinnert.

Während die Männchen olivfarben sind, sind die Weibchen braun oder olivbraun mit dunkelbraunen oder fast schwarzen Flecken auf dem Rücken, den Schenkeln und den Armen, jedoch nie auf dem Kopf. Die Paarung startet in den Bäumen, und die Eier werden in etwa 40 Zentimeter tiefen Kalksteinspalten und -gruben abgelegt, die meist mit verwesendem Pflanzenmaterial gefüllt sind.

Wahrscheinlich um Austrocknung vorzubeugen, verbringen Schaufelkopflaubfrösche den Tag als auch die Trockensaison in Baumhöhlen. Einzelne Tiere wurden beim Verstopfen dieser Höhlen unter Benutzung ihres Kopfes beobachtet. Vielleicht hat sich die Evolution genau dafür diesen seltsam geformten Kopf einfallen lassen. Von anderen Tieren, zum Beispiel Spinnen aus der Gattung *Cyclocosmia*, ist bereits bekannt, dass sie Wohnhöhlen mit Körperteilen verschließen. Diese Spinnen blockieren den Zugang mit einem äußerst wohlgeformten Hinterteil. *Triprion petasatus* ist in seinem Verbreitungsgebiet ein sehr häufiger Frosch. Einige Populationen scheinen zwar abzunehmen, dafür werden andere größer, sodass der Gesamtbestand stabil zu sein scheint. Die Hoffnung ist, dass dem so bleibt!

Art, Familie *Triprion petasatus*, Laubfrösche (Hylidae) | **Vorkommen** Yucatán-Halbinsel | **Habitat** subtropische und tropische Trockenwälder, Savannen | **Größe** bis 75 Millimeter | **Nahrung** Insekten, Spinnentiere | **Bedrohungsstatus** nach Roter Liste nicht gefährdet | **Merke** Die Evolution macht spannende Dinge!

107 Zagros-Molch

Eine seltene Schönheit

Macht man sich auf durchs wilde Kurdistan (Khuzestan) und in die angrenzende Provinz Lorestan im Iran, kann man im Zagros-Gebirge, in den Gebirgsbächen oder den Quellbächen der Flüsse Cezar und Karhkeh, mit etwas Glück ein kleines Juwel entdecken: den Zagros-Molch. Dieser hübsche Schwanzlurch lebt hier endemisch, und das auch oft in geologisch getrennten Regionen in einem Gebiet von etwas mehr als 9.000 Quadratkilometern. Im Gegensatz zu den verwandten Arten Urmia-Molch und Türkischer Bergbachmolch findet man den Zagros-Molch immer wieder in den steinernen Wassertrögen auf Viehweiden.

Lieblingsnahrung des kleinen Lurchs sind Kleinkrebse. Durch die Aufnahme der zahlreichen Krebse, die viel an natürlichen roten Farbstoffen enthalten, haben die Molche einen orangen bis roten Aalstrich entlang des Rückens, und auch die Füße und der Bauch sind orange bis rot gefärbt. Bekommt der Molch zu wenige Krebse zu essen, verblasst das Orange oder Rot zu Gelb. Man ist, was man isst! Um den roten Aalstrich mäandern weiße Hautpartien, die scharf von schwarzen Mäandern abgegrenzt sind. Darauf folgt an den Flanken wiederum ein weißes Mäanderband, das sich zum Schwanz hin in Flecken auflöst. Aufgrund der schönen Zeichnung wird der Zagros-Molch auch »der schönste Molch der Welt« genannt. Zur Paarung finden sich die hübschen Tiere in Ufernähe ihrer Wohngewässer ein, wo nach einem molchtypischen Ringelreihen und dem Zufächeln von Pheromonen das Männchen ein Spermapaket absetzt und dies sanft seiner Herzensdame unterzuschieben versucht. Durch ihr endemisches Vorkommen selten, sind diese Molche im Iran durch starkes Absammeln für die Heimtierhaltung, durch intensive Landwirtschaft mit Einsatz von Pestiziden und durch invasive Tierarten, insbesondere Fische, im Bestand bedroht. Erfreulich, dass sich diese Lurche gut züchten lassen, sodass ein Arterhaltungsprogramm erfolgreich ist.

Art, Familie *Neurergus kaiseri,* Echte Salamander (Salamandridae) | Vorkommen Westiran: Provinzen Lorestan und Khuzestan | Habitat Quellbäche, Gebirgsbäche | Größe bis 19 Zentimeter | Nahrung Wirbellose, vor allem Kleinkrebsarten | Bedrohungsstatus nach Roter Liste gefährdet, Population abnehmend | Merke Keine Wildfänge mit nach Hause nehmen!

108_Zieglers Krokodilmolch

Vietnams heimlicher Molch

Dieser schwarze Molch leistet sich als einzige Farbakzente orangerote Finger- und Zehenspitzen und einen ebenso gefärbten Längsstreifen entlang der Schwanzunterseite. Besonders markant: die deutlichen Knochenleisten am Kopf sowie die rundlichen Rippenknötchen an den Körperseiten.

Dieser Molch mag es feucht und heimlich! Die sehr scheuen Tiere verstecken sich die meiste Zeit des Jahres tief im dichten Wald und trauen sich nur zur Paarungszeit von April bis Mai aus dem Unterholz hervor. Dann kommen die Paare am Gewässer zusammen. Die Eier werden am Ufer als Knubbel auf dem Boden abgelegt. Nach dem Schlupf kriechen die Larven bei Regen in das nahe Wasser und entwickeln sich hier erst nach Juli zum fertigen Molch. Ein solcher Molch, dessen Alter imposante 28 Jahre beträgt, lebt im Detroit Zoo in Michigan. Einige Schwanzlurche können sehr alt werden: der Feuersalamander 55 Jahre, der Japanische Riesensalamander über 60 Jahre und der Olm sogar über 100 Jahre. Zieglers Krokodilmolch aus Detroit hält für seine Gattung nun den Rekord.

Mit diesem Namen ehren die Entdecker des dunklen Molches den deutschen Herpetologen Professor Dr. Thomas Ziegler, der sich um die Entdeckung und Neubeschreibung zahlreicher Amphibien und Reptilien verdient gemacht hat. Es ist kaum zu glauben, wie viele Arten alljährlich trotz des zunehmenden Verlusts der biologischen Vielfalt neu beschrieben werden. Aber man weiß natürlich nicht, wie viele Arten wir verloren haben, bevor wir diese kennenlernen durften. Allein von 2020 bis 2021 wurden weltweit 1.466 Wirbeltiere neu beschrieben. In dem Jahr, in dem Zieglers Krokodilmolch von Nishikawa, Matsui und Nguyen beschrieben wurde, war er eine von insgesamt 18.000 neu beschriebenen Arten. Darunter sogar eine neue Baumart und seit 35 Jahren wieder ein Raubtier, der Anden-Makibär *(Bassaricyon neblina)* aus Kolumbiens Nebelwäldern.

Art, Familie *Tylototriton ziegleri*, Echte Salamander (Salamandridae) | **Vorkommen** Nordvietnam: Provinzen Hà Giang und Cao Bằng; China: Süden der Provinz Guangxi | **Habitat** Wälder mit Flüssen | **Größe** Männchen bis 88 Millimeter, Weibchen bis 98 Millimeter | **Nahrung** Wirbellose | **Bedrohungsstatus** nach Roter Liste gefährdet, Population abnehmend | **Merke** Dieser Molch wurde erst 2013 wissenschaftlich beschrieben.

109_Zipfelfrosch

Der Name ist Programm

Schaut man diesem Frosch ins Gesicht, weiß man sofort, wie er zu seinem Namen kam. Über jedem Auge ragt ein Zipfel empor, und die Schnauzenspitze bildet ebenfalls lang ausgezogen einen Zipfel. Auf dem Rücken zeigen sich zwei Paar langer, schmaler Hautfalten. Die Farbe des Rückens variiert von Hellbraun zu rötlichem Braun, Flanken und Bauch sind deutlich dunkler gefärbt, was von Braun bis Schwarz variieren kann. Die Haut ist sehr glatt, und so wirkt der Frosch wie ein vertrocknetes Blatt. So ist der Zipfelfrosch hervorragend für ein Leben in der Laubstreu der asiatischen Regenwälder ausgestattet, und es ist fast unmöglich, ein bewegungsloses Tier im Dämmerlicht des Regenwaldes auf dem Boden auszumachen. Munter wird der Zipfelfrosch erst in der Nacht, wenn er zur Jagd ausrückt. In sein Beuteschema passen selbst Eidechsen. Erstaunlicherweise bevorzugt er Landkrabben und Skorpione. Als Lauerjäger sitzt er, durch sein Äußeres gut getarnt, zwischen der Laubstreu, macht einen auf Blatt und wartet auf vorbeiziehende Beute. Seinen Opfern setzt er aus dem Hinterhalt nach und verschlingt sie am Stück.

Während sich der adulte Frosch überwiegend an Land aufhält, muss die Phase vom Ei zum Jungfrosch in klaren Waldbächen und Flüssen stattfinden. Meist erfolgt das Ablaichen nach einer kurzen Trockenperiode mit erneut einsetzender, anhaltender Regenphase über das ganze Jahr verteilt. Die Eier werden an überfluteten Steinen oder Pflanzen angeheftet, sind weiß und haben einen Durchmesser von etwa zwei Millimetern. Bereits nach rund sieben Tagen schlüpfen die Larven, und nach einer weiteren Woche bildet sich ein trichterförmiger Saugmund aus, mit dem die Larve Mikroorganismen senkrecht im Wasser stehend von der Wasseroberfläche absaugt. Circa zweieinhalb Monate braucht die Larve bis zur Metamorphose und weitere zwei bis drei Wochen, um sich ihre Zipfel wachsen zu lassen.

Art, Familie *Pelobatrachus nasutus* (Synonym: *Megophrys nasuta*), Asiatische Krötenfrösche (Megophryidae) | **Vorkommen** Südthailand (Yala), Malaiische Halbinsel, Singapur, indonesische Inseln Pulau, Tioman, Bintan, Natuna-Inseln, Sumatra und Borneo | **Habitat** Flüsse, Bäche in Regenwäldern im Tiefland, bis auf 1.000 Meter Höhe | **Größe** 70–160 Millimeter | **Nahrung** Regenwürmer, Nacktschnecken, Insekten, Spinnen, Skorpione, andere Amphibien, Eidechsen, Landkrabben | **Bedrohungsstatus** nach Roter Liste nicht gefährdet, Population abnehmend | **Merke** Diese Zipfel zieren einen gut getarnten Jäger.

110_Zweifarben-Blattsteiger

Kleiner Bruder des Schrecklichen Pfeilgiftfrosches

Der Zweifarben-Blattsteiger ist gelb bis orange und hat im Gegensatz zum Schrecklichen Pfeilgiftfrosch grün-schwarze Beine. Bauchseits zeigt er ein schmutzig blasses Gelb, das zu den Lenden hin dunkler wird. Er ist etwas kleiner als der Schreckliche Pfeilgiftfrosch, aber in der Giftigkeit steht er ihm kaum nach. Das Gift enthält Steroidalkaloide der Familie Batrachotoxin. Batrachotoxine sind Nervengifte, die die Natriumkanäle blockieren. Der Tod tritt durch Muskel- und Atemlähmung ein. Merkwürdigerweise sind in Terrarien lebende Tiere kaum giftig. Daher weiß man, dass die Tiere ihr Gift nicht selbst herstellen, sondern über die Nahrung aufnehmen und in den Hautdrüsen potenzieren. Studien bei den indigenen Stämmen vor Ort ergaben, dass Käfer der Familie Wollhaarkäfer (Melyridae) neben Ameisen und Milben für die Giftigkeit verantwortlich sind. In der Haltung gibt es eine andere, harmlose Diät (Grillen, Erbsenläuse, Fruchtfliegen), und so verliert der Frosch seine Giftigkeit.

Überraschenderweise findet man Batrachotoxine auch bei anderen, nicht verwandten und weit entfernten Froscharten wie den Buntfröschen auf Madagaskar, aber auch in völlig anderen Tierklassen: auf Papua-Neuguinea zum Beispiel bei vier dort lebenden Vogelarten (Zweifarbenpitohui, Einfarbenpitohui, Walddickkopf und Blauhauben-Ifrita). Zumindest beim Zweifarbenpitohui weiß man, dass er seine Giftigkeit über das Fressen von Käfern (*Choresine pulchra*, Familie Melyridae) erwirbt. Selbst wenn man nur die Federn mit den Lippen berührt, spürt man bereits ein starkes Kribbeln und ein Taubheitsgefühl.

Der Zweifarben-Blattsteiger paart sich auf dem Waldboden, wo er in der feuchten Laubschicht seine Eier ablegt, aus denen nach rund 15 Tagen die Kaulquappen schlüpfen. Das Männchen trägt sie in sogenannte Phytotelmen, mit Wasser gefüllte Pflanzentrichter, aus denen nach etwa zwei Monaten Fröschlein klettern.

Art, Familie *Phyllobates bicolor*, Baumsteigerfrösche (Dendrobatidae) | **Vorkommen** Westkolumbien: Department Risaralda | **Habitat** tropischer Regenwald, Feuchtgebiete in 600–1.500 Metern Höhe, Waldboden, in Flussnähe | **Größe** 32–42 Millimeter | **Nahrung** Insekten, Spinnen, Käfer | **Bedrohungsstatus** nach Roter Liste stark gefährdet, Population abnehmend | **Merke** Das Hautgift wird von den Indigenen als Pfeilgift bei der Jagd genutzt!

111 Zwergwabenkröte

Kröte mit ungewöhnlicher Fortpflanzungsstrategie

Diese rein aquatisch lebende Kröte ist oberseits grau bis olivgrün gefärbt und bauchseits silbrig weiß mit Sprenkeln und so im Wasser prima getarnt. Zudem ist ihr Körper ein wenig platt gedrückt, und sie hat bis zu den Zehenspitzen reichende große Schwimmhäute an den ebenso großen Füßen. Die ersten drei Zehen tragen, für Froschlurche ungewöhnlich, Krallen aus Keratin. Die Finger verfügen an jeder Spitze über vier Fortsätze, spezielle Tastsinnesorgane. Da sie ständig im Wasser lebt, hat diese Kröte wie Fische ein Seitenlinienorgan. Dies ist als helle Linie an den Flanken und im Kopfbereich zu erkennen. Mittels spezieller Sinneszellen in diesem Kanalsystem ist das Tier in der Lage, sich über Druckwellen im Wasserraum zu orientieren. Auf der gesamten Oberfläche sind unterschiedlich große Tuberkel zu erkennen. Obwohl hauptsächlich aquatisch lebend, kann die Zwergwabenkröte über Land zu neuen Gewässern gelangen.

Ist ihr Äußeres schon merkwürdig, so wird es skurril, wenn man sich die Fortpflanzungsstrategie anschaut. Natürlich erfolgt auch die Paarung im Wasser. Hat sich ein Paar gefunden, umklammert das Männchen das Weibchen in der Lendengegend. Das Weibchen beginnt mit dem Männchen auf seinem Rücken Salti zu schlagen. Dabei gibt es aufwärts schwimmend seine Eier ab, während das Männchen die Eier befruchtet und sie auf dem unteren Rücken des Weibchens andrückt. Dieser Vorgang wiederholt sich bis zum Ende der Eiablage. Zur Paarungszeit ist die Rückenhaut des Weibchens sichtlich angeschwollen und gut durchblutet. Die Eier sinken in die Rückenhaut in einzelne Eikammern ein. Die kurzen Kiemen der wachsenden Embryonen können durch die starke Vaskularisation der Rückenhaut einen regen Austausch vollziehen. Bei der Zwergwabenkröte werden nach 30 Tagen Hautbrut Kaulquappen entlassen. Die Große Wabenkröte entlässt sogar fertige kleine Kröten aus dem Rücken der Mutter.

Art, Familie *Pipa parva*, Zungenlose (Pipidae) | **Vorkommen** Nordwest-Venezuela, eingeschleppt im Valenciasee, in den Orinoco vordringend; Nordost-Kolumbien: Maracaibo-Becken | **Habitat** Seen, Teiche, Weiher, Sümpfe, bis auf 300 Höhenmeter | **Größe** 27–44 Millimeter | **Nahrung** Kleinkrebse, Wirbellose, Fische | **Bedrohungsstatus** nach Roter Liste nicht gefährdet, Population ansteigend | **Merke** Sieht die Rückenhaut löchrig wie ein Schweizer Käse aus, ist die Kröte schwanger!

Holger Grumt Suárez,
Roland Grumt Suárez
111 Insekten, die täglich unsere Welt retten
ISBN 978-3-7408-0628-6

Carsten Neß, Theo Haart
111 Tiere und Pflanzen an der Mosel, die man kennen muss
ISBN 978-3-7408-0563-0

Theo B. Pagel, Christoph Schütt
111 Geschichten aus dem Kölner Zoo, die man kennen muss
ISBN 978-3-7408-1573-8

Annett Klingner, Pascal Klunder,
Katja Erdmann
111 Dinge über Katzen, die man wissen muss
ISBN 978-3-7408-1204-1

Roland Grumt Suárez,
Holger Grumt Suárez
111 Dinge über Affen, die man wissen muss
ISBN 978-3-7408-1214-0

Walter M. Weiss,
Ulrich Wernery
111 Dinge über Kamele, die man wissen muss
ISBN 978-3-7408-1206-5

Rudolf Jagusch,
Susanne Jagusch
111 Dinge über Schweine, die man wissen muss
ISBN 978-3-7408-0990-4

Maria Teresa Carbone
111 Hunde, die man kennen muss
ISBN 978-3-7408-0477-0

Theo B. Pagel, Brian Batstone
111 Dinge über Elefanten, die man wissen muss
ISBN 978-3-7408-0349-0

Monika Mansour
111 Pferde, die man kennen muss
ISBN 978-3-7408-0444-2

Elke Pistor
111 Katzen, die man kennen muss
ISBN 978-3-95451-830-2

Tatiana Morlock
111 Alltagsabenteuer, die glücklich machen
ISBN 978-3-7408-1383-3

Gisela Hopfmüller, Franz Hlavac
111 Ideen für einen besonderen Garten
ISBN 978-3-7408-1382-6

Marisa Becker, Peter Becker
111 ungenutzte Pflanzen, die man gegessen haben muss
ISBN 978-3-7408-1200-3

Klaudia Blasl
111 tödliche Pflanzen, die man kennen muss
ISBN 978-3-7408-0441-1

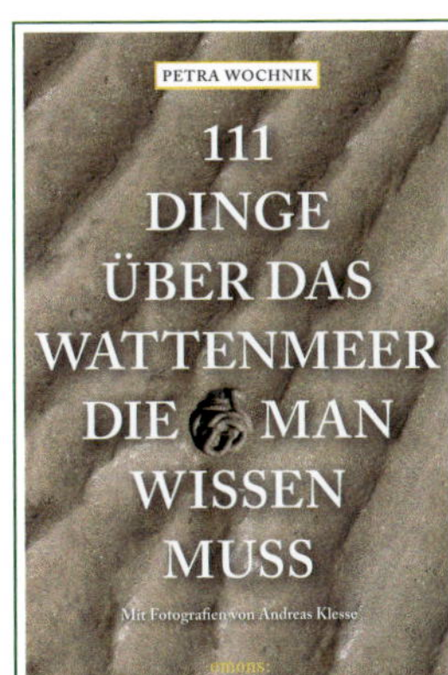

Petra Wochnik
111 Dinge über das Wattenmeer, die man wissen muss
ISBN 978-3-7408-1081-8

Martin Nusch
111 Mal mit WDR 2 raus in den Westen
ISBN 978-3-7408-1191-4

Martin Nusch
111 Mal mit WDR 2 raus in den Westen, Band 2
ISBN 978-3-7408-1465-6

Patricia Szilagyi
111 extreme Orte in Europa, die man gesehen haben muss
ISBN 978-3-7408-0863-1

Christoph Schrahe, Stefan Herbke, Thomas Biersack
111 Skipisten, die man gefahren sein muss
ISBN 978-3-7408-1600-1

Fotonachweis

Kapitel 1: Marvin Schäfer; Kapitel 2: shutterstock.com/OlgaOvcharenko; Kapitel 3: Wikimedia Commons/Holger Krisp; Kapitel 4, 6, 9, 11, 25, 27, 53, 58, 66, 81, 82, 90, 91, 98, 99, 107, 111: Aquazoo Löbbecke Museum, Düsseldorf, Bildarchiv; Kapitel 5: shutterstock.com/alex_gor; Kapitel 7: Zoo Dresden; Kapitel 8: Vera Gorissen, im Zoo Krefeld; Kapitel 10, 57, 70, 72: Hans-Georg Wende; Kapitel 12, 13, 56: Chien C. Lee, Wild Borneo Photography; Kapitel 14, 61, 108: Zoo Köln; Kapitel 15, 43, 51, 60, 73, 100: Benjamin Tapley; Kapitel 16, 22, 23, 24, 29, 31, 45, 50, 67, 68, 83, 87, 109: Sandra Honigs; Kapitel 17, 96: Zoo Zürich, Dirk Loddenkemper; Kapitel 18: Steve Backus; Kapitel 19: oben: Michael McFadden, unten: Taronga Conservation Society Australia; Kapitel 20: Matías E. Gargiulo Rosa; Kapitel 21, 28, 46, 62, 88, 110: Tesoros de Colombia/Peter Rockstroh; Kapitel 26: Grüner Zoo Wuppertal/Astrid Padberg; Kapitel 30, 32, 40, 59, 94, 102: Philipp Schroeder; Kapitel 33, 75, 86, 106: Günther Hulla, Haus des Meeres, Wien; Kapitel 34: Joubert Heymans; Kapitel 35: Magdalena J. Botha, iNaturalist; Kapitel 36: Tom Kirschey; Kapitel 37: mauritius images/nature picture library/Nick Garbut; Kapitel 38: Zoo Leipzig; Kapitel 39: oben: Richard Cannings, unten: Wikimedia Commons/gemeinfrei; Kapitel 41: Tropfsteinhöhlen Rübeland/U. Fricke; Kapitel 42: Marco Chan Hon Chiu; Kapitel 44: Joel Sartore/Photo Ark; Kapitel 47, 54, 69, 79: Tierpark Chemnitz; Kapitel 48: mauritius images/Helmut Göthel Symbiosis/Alamy/Alamy Stock Photos; Kapitel 49: Samuel Gomides; Kapitel 52: Diego A. Gómez Hoyos; Kapitel 55: David C. Blackburn; Kapitel 63, 80, 89, 104: Adam Bland; Kapitel 64, 97: Marcos Rafael Severgnini; Kapitel 65: Frank Glaw & Miguel Vences; Kapitel 71: Zoo Frankfurt; Kapitel 74: Brian Gratwicke; Kapitel 76, 77: Benjamin Monod-Broca; Kapitel 78: Kriton Kunz; Kapitel 84: Elizabeth Noble; Kapitel 85: Manuela Schläpfer, Zoo Zürich; Kapitel 92, 95: Daniel Alarcon & David Grunbaum, K'ayra Project; Kapitel 93: Fundación Atelopus; Kapitel 101: pixabay.com/Zajcsik; Kapitel 103: Marcus F. C. Ng, iNaturalist; Kapitel 105: Luis Fernando Marin da Fonte

Danksagung

Dank an alle Wissenschaftler, Institutionen, zoologischen Einrichtungen, Naturschutzorganisationen und -vereine, die sich weltweit der Erforschung, dem Schutz und dem Erhalt der Amphibien und ihrer Lebensräume verschrieben haben.
Besonderer Dank an: Amphibian Ark, Amphibian Survival Alliance, Atelopus Survival Initiative, Citizen Conservation, Frogs & Friends e.V., K'ayra Center des Naturkundemuseums Alcide d'Orbigny in Cochabamba (Bolivien), Stiftung Artenschutz, Fundación Atelopus, Amphibian Specialist Group und Species Survival Commission der International Union for Conservation of Nature, Taronga Conservation Society Australia, Amphibian Taxon Advisory Group der EAZA und die Zoologische Gesellschaft für Arten- und Populationsschutz e.V.
Dank an: das Aquazoo Löbbecke Museum Düsseldorf, Bristol Zoo Gardens, das Haus des Meeres, den Taronga Zoo, Tesoros de Colombia, den Tierpark Chemnitz, die Zoos in Chester, Dortmund, Dresden, Frankfurt, Köln, Krefeld, Leipzig, London, Wuppertal, Zürich und den Zoo Landau in der Pfalz sowie die Rübeländer Tropfsteinhöhlen für die Unterstützung!
Danke allen Fotografen (siehe Fotonachweis), die diesem Buch mit so wundervollen Bildern Leben eingehaucht haben. Dank unseren Kollegen, Freunden und Familien, die uns mit Rat und Tat bedacht haben. Darüber hinaus gilt folgenden Menschen unser Dank: Teresa Camacho Badani, Cornelia Bernhardt, Tim Bray, Dr. Anja Dube, Taissa Faust, Dr. Dominik Fischer, Luis Fernando Marin da Fonte, Dr. Gerardo Garcia, Anne Hammes, Matthias Hendel, Silke Honigs, Dr. Johannes Köhler, Dirk Loddenkemper, Ivan Lozano, Rosanna Mangione, Fabian Olbrich, Johannes Pfleiderer, Dr. Johanna Rode-Margono, Christine Neuber, Kevin Rüffer, Philipp Schroeder, Dr. Christina Schubert, Dieter Schulten, Denise Seimet, Tim Skelton, Dr. Britta Spanier, Michèle Thür, Heiko Werning, Stephanie Zech und Prof. Dr. Thomas Ziegler.

Dem Team des Emons Verlags danken wir für den Mut, dieses Buch herauszugeben und unsere Artenschutzbemühungen so zu unterstützen. Danke an Sonja Erdmann, die nicht müde wurde, unsere Ideen zu tragen, und dieses Buch ermöglichte. Unserer Lektorin Julia Lorenzer danken wir für den produktiven Austausch, und Ines Engbarth danken wir dafür, dass sie gezaubert hat, um diesem Buch den besonderen Pfiff zu verleihen.
Danke an über 8.445 Amphibien, dass es euch gibt – haltet durch!

© Silke Honigs

Sandra Honigs war bereits als Kind begeisterte Aquarianerin. Seit 2008 ist die Diplom-Biologin Stellvertretende Direktorin des Aquazoo Löbbecke Museum Düsseldorf und Leiterin der dortigen Amphibienstation.

© Silke Honigs

Marc Meßing arbeitet seit 2008 für die Amphibienstation im Aquazoo Löbbecke Museum und engagiert sich für den Schutz dieser bedrohten Tiergruppe.

© Silke Honigs

Beate Pelzer wurde beim Biologiestudium vom »Froschvirus« infiziert. Sie arbeitet in der Amphibienstation und der Abteilung Naturbildung im Aquazoo Löbbecke Museum Düsseldorf.